LIUFUHUALIU FENGBISHI ZUHEDIANQI DAIDIAN JIANCE JISHU JI YINGYONG

六氟化硫封闭式组合电器带电检测技术及应用

魏 钢 刘 航 汪金刚 编著

中国电力出版社
CHINA ELECTRIC POWER PRESS

内 容 提 要

随着状态检修应用研究的逐步深化，六氟化硫封闭式组合电器（GIS）带电检测技术日渐成熟，能够为设备状态评价提供更加准确、全面的信息，加强带电检测技术在 GIS 中的应用变得越来越重要。

本书涵盖特高频局部放电检测、超声波局部放电检测、红外热成像检测、SF_6 气体泄漏检测及组分检测分析、X 射线检测、机械振动检测、金属氧化物避雷器阻性电流测试等内容，通过各项目原理、方法、运用及故障分析介绍，辅以典型案例，使读者对 GIS 带电检测技术具有较为全面的认识。

本书可供电力系统从事运行维护和管理的人员充分掌握 GIS 带电检测技术知识、提高潜伏性缺陷和隐患诊断分析能力，也可供大专院校相关专业师生了解 GIS 带电检测相关知识和内容。

图书在版编目（CIP）数据

六氟化硫封闭式组合电器带电检测技术及应用 / 魏钢，刘航，汪金刚编著. —北京：中国电力出版社，2018.10（2020.12重印）
ISBN 978-7-5198-2509-6

Ⅰ. ①六…　Ⅱ. ①魏…　②刘…　③汪…　Ⅲ. ①气体绝缘材料－金属封闭开关－带电测量
Ⅳ. ①TM564

中国版本图书馆 CIP 数据核字（2018）第 234936 号

出版发行：中国电力出版社
地　　　址：北京市东城区北京站西街 19 号（邮政编码 100005）
网　　　址：http://www.cepp.sgcc.com.cn
责任编辑：陈　丽　周秋慧（010-63412627）
责任校对：朱丽芳
装帧设计：赵姗姗
责任印制：石　雷

印　　　刷：三河市万龙印装有限公司
版　　　次：2018 年 11 月第一版
印　　　次：2020 年 12 月北京第二次印刷
开　　　本：787 毫米×1092 毫米　16 开本
印　　　张：12.25
字　　　数：243 千字
印　　　数：1001—2000 册
定　　　价：75.00 元

序

六氟化硫封闭式组合电器（GIS）以六氟化硫（SF$_6$）作为绝缘气体，从 20 世纪 60 年代至今，GIS 设计制造技术已经相当成熟，其结构紧凑、运行可靠、安全性能高、环境影响小、维护工作量少，各电力部门及相关单位大面积采用。

对于 GIS，带电检测与在线监测已呈逐步取代预防性停电试验趋势，在缩小停电范围、减少停电损失、降低作业风险、提升工作效率的同时，为设备状态评价提供更加真实、准确、可靠、全面的状态信息。掌握带电检测技术是从事电气设备运行维护和技术管理人员的基本技能。

魏钢教授级高级工程师、刘航高级工程师、汪金刚教授均在电力设备带电检测及诊断技术研究方向辛勤耕耘十几年，承担过多项国家科技项目和国家电网公司重点科技项目，在国内外重要期刊上发表过大量高水平论文。在多年带电检测研究和现场实践工作基础之上，认真总结经验，提炼生产实际需求，完成了这本具有实用价值的著作。该书的最大特点在于，突出知识的系统性、强化应用的规范性。

全书共分为十章，内容涵盖特高频局部放电检测、超声波局部放电检测、红外热成像检测、SF$_6$ 气体泄漏检测及组分检测分析、X 射线检测、机械振动检测、金属氧化物避雷器阻性电流检测，比较全面地介绍了 GIS 类变电站设备的带电检测基本原理、现场检测方法、异常诊断分析等内容，并附典型案例与异常典型图谱，案例生动，内容丰实，深入浅出，适合不同层次、不同要求读者需要。

该书可以为电气设备运维、管理人员提供指导，也可作为大专院校电气专业师生学习 GIS 带电检测及诊断技术的参考书籍。

傅世学

2018 年 6 月

前言

随着状态检修应用研究的逐步深化，六氟化硫封闭式组合电器（Gas-insulated Metal-enclosed Switchgear，GIS）全寿命周期管理在国内已广泛开展，预防性停电试验工作相对减少，目前针对 GIS 的预防性试验项目多为低电压试验，且试验项目较少，试验结果不能完全反映设备实际运行电压下的状态，带电检测则恰好弥补了这些不足。

带电检测技术日渐成熟，用带电检测及在线监测手段来替代预防性停电试验，使之为设备状态评价提供更加准确、全面的信息变得逐渐可行。因此，加强带电检测技术在 GIS 中的应用变得越来越重要。为使电力系统从事运行维护和管理的人员充分掌握 GIS 带电检测技术知识、提高潜伏性缺陷和隐患诊断分析能力，同时为让大专院校相关专业师生了解 GIS 带电检测相关知识和内容，编写本书。本书涵盖特高频局部放电检测、超声波局部放电检测、红外热成像检测、SF_6 气体泄漏检测及组分检测分析、X 射线检测、机械振动检测、金属氧化物避雷器阻性电流测试等内容，通过各项目原理、方法、运用及故障分析介绍，辅以典型案例参考，使读者对 GIS 带电检测技术具有较为全面的认识。

本书由重庆科技学院魏钢教授级高级工程师、国网重庆市电力公司刘航高级工程师、重庆大学汪金刚教授编著。全书共分十章，第一章介绍 GIS 基本结构与状态检测方法，由汪金刚、熊浩、李汶江、曾湘隆编写；第二章介绍特高频局部放电检测，由魏钢、高超编写；第三章介绍超声波局部放电检测，由刘航、杨海龙、邓旭东编写；第四章介绍红外热成像检测，由李翠英、刘航、刘明军编写；第五章介绍 SF_6 气体泄漏检测，由魏钢、谢希编写；第六章介绍 SF_6 气体组分检测，由魏钢、李月华编写；第七章介绍 X 射线检测，由魏钢、朱家富编写；第八章介绍机械振动检测，由汪金刚、朱建渠编写；第九章介绍金属氧化物避雷器阻性电流检测，由魏钢、石岩编写；第十章为 GIS 带电检测典型案例，由魏钢编写；全书由魏钢、刘航审核。

在本书编写过程中，参考了大量资料、文献，在此对这些资料和文献的作者表示感谢！

由于编者水平有限，疏漏不当之处，敬请批评指正。

编　者
2018 年 8 月

目　录

第 一 章

概　述

GIS 是将断路器、隔离开关、接地开关、电压互感器、电流互感器、避雷器、母线等，按一定接线方式全部封装在金属壳体内，绝缘的获得至少部分通过绝缘气体而不是处于大气压力下的空气。

目前，我国电力系统运行的 72.5kV 及以上 GIS 都是在封闭的金属壳内充以一定压力的 SF_6 气体作为绝缘或灭弧介质。

第一节　GIS 基本结构

GIS 具有体积小、占地面积少、易于安装、受外界环境影响小、运行安全可靠、配置灵活、维护简单、检修周期长等特点，适合在 72.5kV 及以上电力系统中运行，在水电站、城网变电站和核电站中的应用越来越广泛。

一、结构型式

1. 单相封闭型（分箱式）

GIS 的主回路分相装在独立的金属圆筒形外壳内，由环氧树脂浇注的绝缘子支撑，内充 SF_6 气体。分箱式 GIS 制造相对简单，不会发生相间故障，目前 550kV 及以上电压等级的 GIS 均为分箱式结构。

2. 三相封闭型（三相共筒式或共箱式）

GIS 每个元件的三相集中安装于一个金属圆筒形外壳内，由环氧树脂浇注件支撑和隔离，外壳数量少，三相整体外形尺寸小，密封环节少。但是，相间相互影响较大，有发生相间绝缘故障的可能，目前主要在 72.5kV 和 126kV 的 GIS 实现了三相共箱式结构。

3. 主母线三相共箱而其他元件分箱

仅三相主母线共用一个外壳，利用绝缘子将三相母线支撑在金属圆筒形外壳内，其他元件均为分箱式结构。采用这种方式可以缩小 GIS 占地面积，结构相对简单，目前

252kV 的 GIS 大多采用主母线共箱、其他元件分箱式结构。

4. 功能结构复合型

功能结构复合型 GIS 多体现在隔离开关和接地开关元件上，如 252kV 及以下电压等级的 GIS，设计有三工位隔离/接地组合开关，可实现隔离开关合闸位置—隔离/接地开关分闸位置—接地开关合闸位置的转换和闭锁。在 550kV 及以上电压等级的 GIS 中，隔离开关与接地开关采用共体结构设计，即将隔离开关和接地开关元件安装在一个金属圆筒形外壳内，隔离开关和接地开关共用一个静触头，分别由各自的电动操动机构驱动分合闸操作。

5. 复合绝缘型

复合绝缘型 GIS 即复合式高压组合电器（HGIS），是按间隔主接线方式将所组成的元件，如断路器、隔离开关、接地开关、电流互感器等集成为一体，组成单相的 GIS，采用进出线套管分别与架空母线或线路相连接。

二、基本组成元件

1. 断路器

断路器是 GIS 的核心部件，基本结构有三相共箱式和三相分箱式，按其布置方式有立式和卧式，由静触头、动触头、灭弧喷管、压气装置、绝缘拉杆、绝缘底座与操动机构组成。

126kV GIS 断路器为三相共箱式，典型结构如图 1-1 所示。

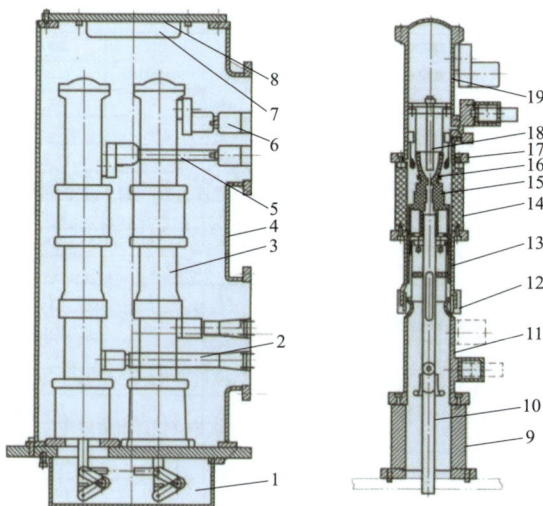

图 1-1　126kV GIS 断路器（三相共箱式）典型结构图

1—拐臂盒；2—导电杆；3—灭弧室；4—壳体；5—导体；6—电连接；7—吸附剂框；8—盖板；9—绝缘筒；
10—绝缘拉杆；11—动触头座；12—屏蔽；13—活塞筒；14—绝缘支座；15—动弧触头；
16—喷口；17—静触指；18—静弧触头；19—静触头座

252kV GIS 断路器为三相共箱式，典型结构（单相）如图 1-2 所示。

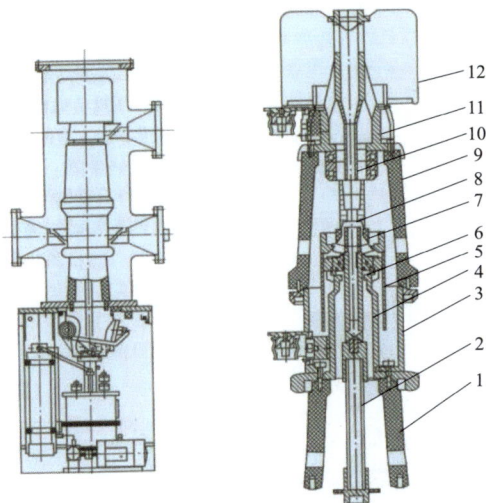

图 1-2　252kV GIS 断路器（三相分箱式）单相典型结构图

1—绝缘座；2—绝缘拉杆；3—支架；4—缸体；5—压气缸；6—动触头；7—动弧触头；
8—喷口；9—绝缘座；10—静弧触头；11—静触座；12—挡气罩

550kV GIS 断路器由三个独立操作的单极组成，为单断口卧式布置，配用液压操动机构，操动机构放置在金属罐体的一端。

2. 隔离开关

GIS 的隔离开关与常规的敞开式隔离开关有相同的功用与性能要求，只不过 GIS 的隔离开关本体部件封装在封闭的金属壳体内，具有与敞开式隔离开关不同的结构型式。

126kV GIS 隔离开关普遍采用三相共箱式结构，典型结构（线形）如图 1-3 所示。

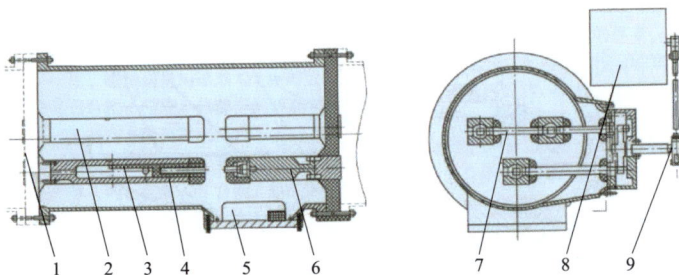

图 1-3　126kV GIS 三相共箱式（线形）隔离开关结构图

1—绝缘子；2—动触头座；3—齿条；4—动触头；5—分子筛；6—静触头座；
7—绝缘拉杆；8—电动机构；9—传动拐臂

252kV 及以上电压等级的 GIS 隔离开关，基本采用分箱式结构。当隔离开关与其电气连接的原件呈垂直布置时，采用角形隔离开关，其单极结构图如图 1-4 所示。当其呈水平布置时，采用线形隔离开关，其单极结构图如图 1-5 所示。

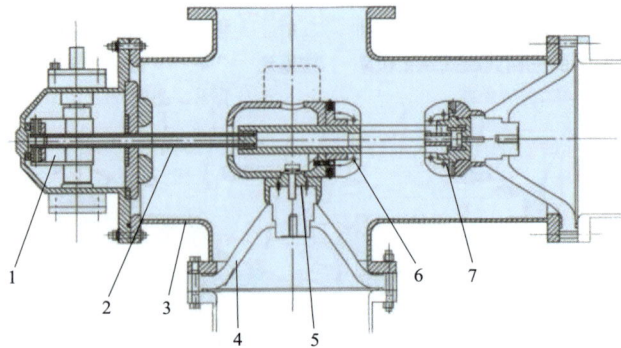

图 1-4　角形隔离开关单极结构图

1—隔离开关传动装配；2—绝缘拉杆；3—壳体；4—盆式绝缘子；
5—中间触头；6—动触头；7—静触头

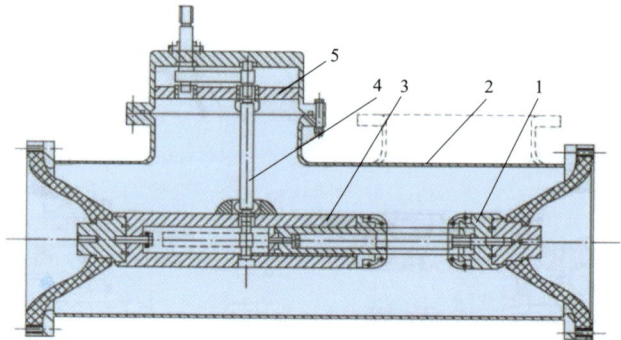

图 1-5　线形隔离开关单极结构图

1—静触头；2—壳体；3—动触头装配；4—绝缘拉杆；5—齿轮箱装配

随着设计思想和制造技术的进步，252kV 及以下电压等级的 GIS 创造了三工位的隔离/接地组合开关，具有体积小、结构紧凑、复合化程度高、配置方式灵活多样等优点，其典型结构如图 1-6 所示。

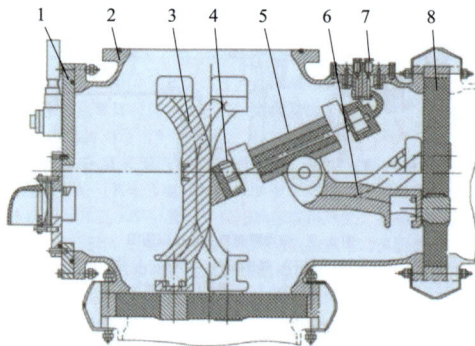

图 1-6　三工位隔离/接地组合开关典型结构图

1—端盖板；2—壳体；3—主导体；4—隔离静触头；5—动触头；6—母线；7—接地静触头；8—盆式绝缘子

550kV 及以上电压等级的 GIS，由于额定电压高（绝缘水平高）、额定电流和开断电流大（通电导体大）而体积较大，大多采用隔离开关与接地开关共体结构，其典型结构如图1-7所示。

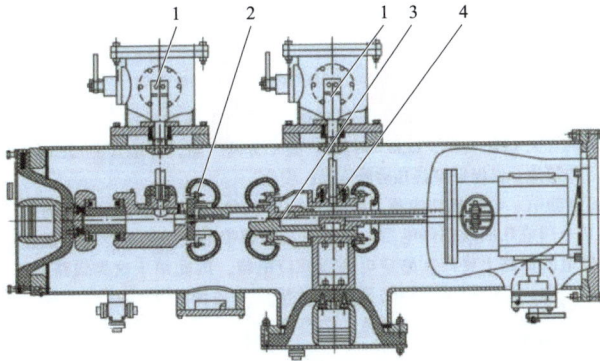

图1-7　550kV GIS隔离开关与接地开关共体结构图

1—接地动触头；2—隔离静触头；3—隔离动触头；4—接地静触头

3. 接地开关

GIS的接地开关可分为普通接地开关和快速接地开关（用于线路侧，能切合静电、电磁感应电流及关合峰值电流）两种，其结构与隔离开关相似，可设计制造成三相共箱式（用于126kV三相共箱式GIS），也可以设计制造成三相分箱式，以及隔离开关与接地开关共体式或三工位隔离/接地开关。

三相共箱式接地开关典型结构如图1-8所示。

分箱式接地开关典型结构如图1-9所示。

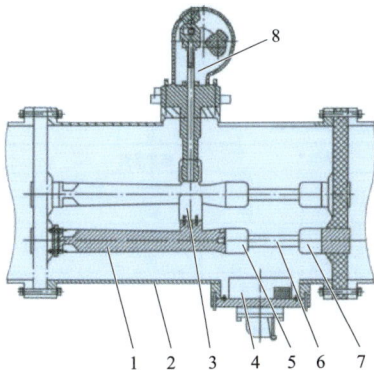

图1-8　三相共箱式接地开关典型结构图

1—触头座；2—壳体；3、5、7—静触头；
4—爆破片；6—导体；8—接地开关及动触头

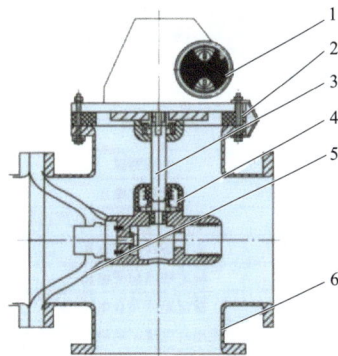

图1-9　分箱式接地开关典型结构图

1—接地开关传动；2—绝缘盘；3—动触头；
4—静触头；5—盆式绝缘子；6—壳体

4. 电压互感器

GIS的电压互感器为封闭式，大多采用电磁式电压互感器，铁芯由条形硅钢片叠装成口字型，一次绕组、二次绕组及剩余绕组均成圆筒线圈装在同一芯柱上，铁芯用四根螺栓固定在外壳底座，外壳上装有二次出线盒。

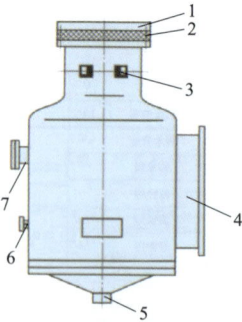

图1-10 GIS电压互感器装配完成的外形图
1—连接法兰；2—盆式绝缘子；3—接地端子；
4—二次接线盒；5—压力释放器；
6—充气阀门；7—吸附剂

其典型结构（内装4个二次绕组）如图1-11所示。

GIS电压互感器装配完成的外形如图1-10所示。

5. 电流互感器

GIS的电流互感器在线路正常运行状态和过载以及短路故障时测量电流，为测量仪表和继电保护装置提供电流参数。它的一次绕组由一匝或几匝截面积较大的导线构成，串联于待测电流支路中；二次绕组匝数较多，与阻抗很小的测量仪表、继电器及各种自动装置的电流线圈连接。

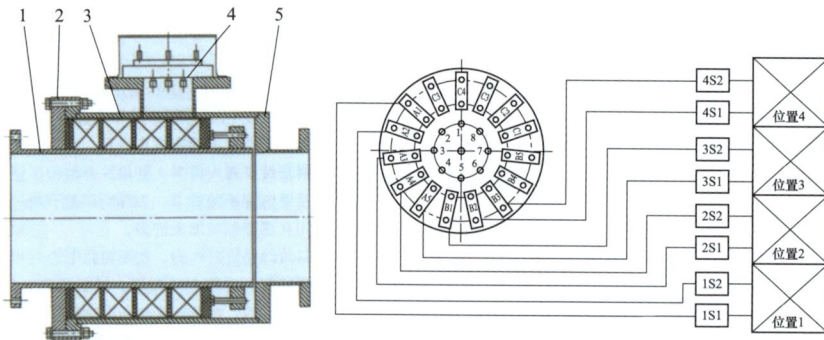

图1-11 GIS电流互感器典型结构图
1—屏蔽筒；2—连接法兰；3—绝缘衬套；4—二次接线盘；5—壳体焊装

6. 避雷器

GIS内避雷器一般采用氧化锌避雷器，由金属氧化物电阻片组装而成，具有良好的非线性伏安特性。在正常工频电压下，具有极高的电阻，呈绝缘状态；在过电压作用下，则呈低阻状态，使与之并联电器设备的残压被抑制在绝缘安全值以下；待过电压消失后，又恢复高阻绝缘状态。

根据避雷器的额定电压及其标称放电电流下的残压值，将多个金属氧化物电阻片串联叠加成柱状，然后封装在金属罐体内，其中一端经带有导电连接的盆式绝缘子与被保护设备相连，另一端通过密封盖板引出接地。

组装后的罐式避雷器外形与内部结构示意图如图1-12所示。

7. 母线

252kV 及以下的 GIS 主母线大多采用三相共箱式结构,按使用位置可分为端头母线、中间母线和过渡母线。中间母线的上部有三个单相母线连接导体的出口,出口处装设带有电连接的盆式绝缘子,如图 1-13 所示。

8. 出线装置

根据变电站主接线、布置图以及变电站设计要求,GIS 的间隔出线可采用套管出线、电缆终端出线、GIS 与变压器直连出线三种方式。

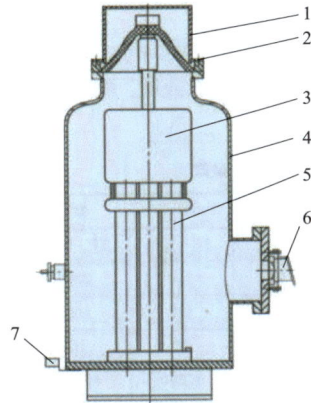

图 1-12 组装后的罐式避雷器外形与内部结构示意图

1—保护罩;2—盆式绝缘子;3—均压罩;4—壳体;5—金属氧化物电阻片;6—爆破片;7—放电计数器

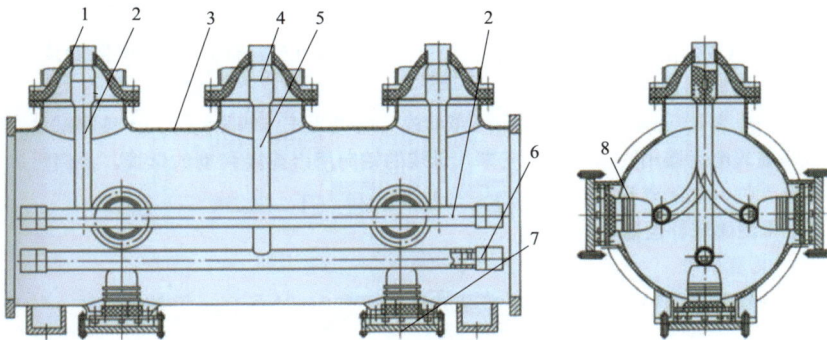

图 1-13 252kV GIS 共箱式中间母线结构示意图

1—盆式绝缘子;2、5—导电杆;3—壳体;4—电连接;6—小电连接;7—盖板;8—支柱绝缘子

套管由瓷套(或硅橡胶复合空心绝缘子)、导体、内部屏蔽、支撑筒、盆式绝缘子、均压环等零部件装配组成,由于装在瓷套内的长导体其沿面的电场不同,为了均匀导体的沿面场强,通过设计与计算,设置了屏蔽结构,上部的均压环起到均匀出线处电场强度的作用。

GIS 出线套管(瓷套管)结构如图 1-14 和图 1-15 所示。

电缆终端也可称为电缆连接装置,大多用于 252kV 及以下电压等级的 GIS 户内变电站,作为 GIS 的引出线装置,如与安装于户内不同楼层的变压器或电缆出线连接,其典型结构如图 1-16 所示。

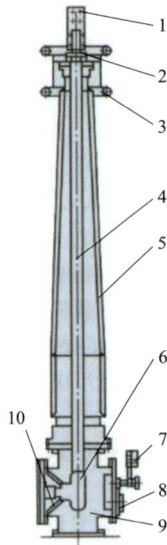

图 1-14　252kV GIS 出线套管（瓷套管）
结构示意图

1—接线板；2—卡板；3—屏蔽环；4—导电杆；5—瓷套管；

6—L 形电连接；7—密度继电器；8—爆破片；

9—四通壳体；10—盆式绝缘子

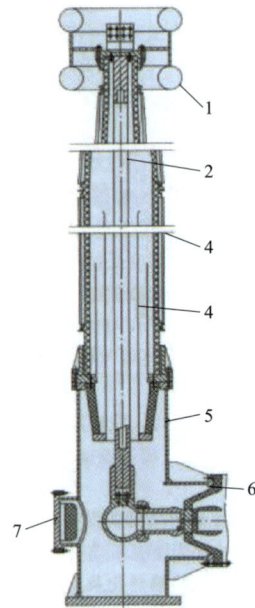

图 1-15　550kV GIS 出线套管（瓷套管）
结构示意图

1—均压环；2—导电杆；3—瓷套管；4—内部屏蔽；

5—塔形筒；6—盆式绝缘子；7—分子筛

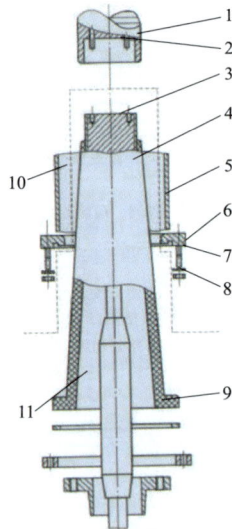

图 1-16　电缆终端与 GIS 主回路末端连接的结构示意图

1—GIS 主回路末端；2—连接界面；3—连接界面；4—绝缘锥；5—连兰连接外壳；6—法兰或中间板；

7—密封垫；8—螺栓；9—绝缘锥的法兰或接头；10—气体；11—绝缘流体

第二节　GIS 常见故障及现象

近年来，GIS 故障频发，GIS 故障不但会造成变电站全停或部分停电，还会造成电量损失、增加检修成本、影响电网供电可靠性，给电网安全运行造成很大的威胁。

故障诊断是设备检修的前提，是电气设备稳定运行的保障。由于电气设备故障的复杂性，设备故障诊断技术一直是各学者、专家探索的主体。在对设备故障诊断之前，需要对 GIS 可能发生的故障类型进行分类研究。

针对充有 SF_6 气体的 GIS，根据运行中的电力设备，由于电、热、化学、机械振动等因素综合影响，可将故障类型分为三类。第一类故障类型主要是针对 SF_6 气体，如 SF_6 气体泄漏、SF_6 气体组分异常；第二类故障类型主要是针对内部局部放电现象；第三类故障类型主要是针对故障引起的物理现象，这种物理现象主要是指从设备表面可以观察到的现象，如出现缺陷而产生的异常振动或异常发热现象。

一、SF_6 气体泄漏与组分异常

1. SF_6 气体泄漏

SF_6 气体泄漏多发生在密封接触面或传动拉杆引出部分，可能由质量原因或密封性不良导致。例如，盆式绝缘子有裂纹、盆式绝缘子与金属法兰密封不良、伸缩节尺寸设计不当出现裂缝、位置沉降形变导致法兰对接局部密封破坏、螺栓紧固力矩不够等，都会导致气体泄漏。

SF_6 气体泄漏使设备内部压力下降，从而导致绝缘性能和灭弧性能下降；大气中的水分也可能通过泄漏点向内部渗透，降低绝缘水平；严重情况下，气体泄漏将导致断路器闭锁无法操作。

虽然 SF_6 属于无毒气体,但其长期运行过程中产生的大部分分解产物都是不稳定的，具有强烈的腐蚀性和毒性，可能危害运行、检修人员安全。同时，SF_6 是一种温室气体，若任由其排放到大气中，将加剧大气环境温室效应。

因此，发现气体压力明显降低时，应当及时检测漏点并尽快安排检修处理。常见的 SF_6 气体泄漏检测技术包括负电晕检测法、红外热成像法、激光成像法、光声光谱法等。

2. SF_6 气体组分异常

湿度是 SF_6 气体绝缘性能的一项重要指标，控制微水含量十分必要。GIS 新投运时应测量一次气体湿度，若接近注意值则半年后须再测一次；新充（补）气 48h 之后至 2 周之内应测量一次；运行中为准确掌握设备状态，可定期抽样检测。

与绝缘油色谱分析类似，当气室内部的气体或固体绝缘存在缺陷时，会产生 SO_2、

H_2S、SOF_2、SO_2F_2、HF、CF_4、CO、CO_2 等不同组合的特征气体。若存在悬浮电位放电、零件间隙放电、绝缘表面沿面放电等缺陷时，即使放电能量较小，通常也会使 SF_6 气体分解产生微量的 SO_2、H_2S 和 HF 等气体；若存在过热故障，易导致绝缘材料与 SF_6 气体发生反应并分解，主要生成 SO_2、HF、H_2S 和 SO_2F_2 等分解产物。

在放电和热分解过程中及水分作用下，SF_6 气体分解产物主要为 SO_2、HF、SOF_2 和 SO_2F_2，当故障涉及固体绝缘时，还会产生 CF_4、H_2S 和 CO。SF_6 气体检测分析法包括气相色谱法、声速测量法和红外光谱法等，该分析方法不受电磁噪声和振动干扰，也适用于过热故障的检测，应用前景广阔。

二、内部局部放电

GIS 在制造、运输、安装、运行过程中，由于多种因素都可能造成部件损伤或内部留有杂质。这些问题如果处理不及时，可能造成设备在运行中产生局部放电，甚至引起绝缘击穿。

局部放电常常发生在固体或浸渍绝缘含有气体的孔隙中，或者由于高压设备的气体、液体或固体绝缘系统中有尖锐的突出物导致场强增大而产生。如果局部场强超过起始电压的某个界限值而且存在活化电子，则将产生电子崩。这种电子崩由于局部放电而停止，这既可能是由于空腔壁的壁垒效应，或者由于在气体或液体中传播时的空间电荷效应。整个过程是非常局限的，而且性质上是暂态的，具有典型的微秒级或者更短的持续时间。然而，虽然持续时间很短，但是放电的高电子能量与直接在其附近的任何固体或液体绝缘材料相互影响，并引起分子的化学键中断，化学性质改变，易烧蚀材料。

局部放电引起的击穿常常表现为绝缘内气体的击穿、小范围内固体或液体介质的局部击穿以及金属表面的边缘及尖角部位场强集中引起局部击穿放电，每一次局部放电对绝缘介质都会有一些影响，轻微的局部放电对电力设备绝缘影响较小，绝缘强度下降较慢，虽然这种程度的放电不至于立即引起击穿，但随着局部放电的不断发展，SF_6 气体逐渐劣化，同时产生并累积较多的带电粒子，导致绝缘性能下降，在过电压作用下可能造成绝缘击穿。若发生强烈的局部放电，则会使绝缘强度很快下降，由此产生的累积效应会使绝缘的介电性能逐渐劣化并使局部缺陷迅速扩大，发生间歇性放电现象，整体电场发生畸变，最终造成绝缘击穿现象。

引起局部放电的原因可能有以下几个方面：

（1）固定的缺陷，包括了位于外壳表面和导体之上的金属突起，以及固体绝缘的一些微粒。

（2）位于 GIS 腔内，并且能够进行自由移动的金属微粒。GIS 在制造和装配以及运行过程中都可能会产生一定的金属微粒。

（3）传导部分出现了不良的接触，包括浮动部件或者是静电屏蔽等问题。

（4）在生产和制造过程中，绝缘子出现了内部空隙或者表面的痕迹。

GIS 内部放电带电检测的主要方法是射频巡检、特高频局部放电检测、超声波局部放电检测，现在也有将超声波与特高频相结合的方法，并采用"声—电联合"技术进行缺陷精确定位。

三、故障引起的其他物理现象

1. 异常发热

GIS 设备的异常发热可分为内部发热和外部发热两大类。内部发热主要由导体接触不良、松动、腐蚀、截面积过小等原因导致电阻增大，发热量超过外壳的热容量，从而引起局部过热，加速绝缘部分老化。与敞开式设备相比，GIS 内部导体连接部分受环境影响较小，因此发生异常发热的概率也很低，但是在安装过程中施工不当或基础位移、气温剧变等情况下，都可能导致内部连接发生形变，从而造成接触不良。由于 SF_6 气体与金属外壳的阻挡作用，普通的发热传导至外部时，衰减非常大，很难被发现，一旦发现有温度异常的情况，都应当判断为危急缺陷，引起足够重视。

外部发热主要是由罐体涡流损耗发热、感应电流短接排接触不良或螺栓松动造成的发热，以及出线套管外部引线接触不良造成的发热。为了检测 GIS 异常发热现象，常见的检测方法为红外热成像法，基于局部放电点的温度升高，利用红外探测仪的热成像原理实现热点测量。

2. 异响与振动

GIS 在运行过程中，其导体和外壳都有自身的振动频率。正常情况下，其自身的振动和声音都在正常范围内，当 GIS 内部有缺陷或外部条件发生剧变时，就会导致异常振动或异响的出现。

导致 GIS 异响或异常振动的原因有很多。运行中 GIS 的壳体所受激振力主要有开关操作的机械力、导体中交流电流产生的交变电动力、互感器铁芯的电磁力、外界噪声振动等，而当这些振动产生时会导致螺栓松动，那么外壳接触不平衡就可能导致 GIS 机械振动故障。

总体来说，GIS 常见的机械故障有杂物引起外壳振动，电磁力、磁致伸缩引起的振动，开关操作引起的振动，以及 GIS 触头接触过热导致接触不良引起的振动，除此之外还有内部元件接地引起的振动、外界噪声引起的异响振动、由于倒闸操作事故引起的振动等故障。

如果缺陷不消除，长期振动可能使螺栓松动，影响外壳接地点的牢固，造成气体泄漏、压力降低，导致绝缘事故的发生，同时也会对绝缘子和绝缘柱造成损害。由振动引起的内部附件脱落或出现悬浮放电，甚至会产生爆炸。常见的异响或异常振动检测的方法有红外热成像检测、X 射线检测、机械振动检测。

第三节　GIS 状态检测方法

GIS 故障诊断的依据来源于设备的状态检测，状态检测可以通过巡视信息、运行检修信息、常规电气试验、红外测温、保护装置动作信息，以及各种在线监控设备的应用得到。

根据不同故障类型，检测的方法也会有所不同，大致可以将 GIS 检测的方法分成两类。第一类是常规电气检测的方法，包括射频巡检、特高频局部放电检测、超声波局部放电检测、避雷器阻性电流测试技术；第二类是依据故障引起的物理现象而产生的其他检测方法，包括红外热成像检测、SF_6 气体泄漏检测技术、SF_6 气体检测分析、X 射线检测、机械振动检测。其中第一类检测方法主要是针对内部局部放电现象而实施的检测方法，第二类检测方法主要是针对物理现象引起的故障。

无论是针对哪一种故障诊断方法，还应明确是进行停电试验、带电检测还是在线监测。

一、停电试验

停电试验一般可分为出厂试验（包括厂内例行试验、型式试验和特殊试验等）、交接试验、预防性试验、检修后试验等。

出厂试验是设备生产厂家根据有关标准和产品技术条件规定的试验项目，目的在于检查产品设计、制造、工艺质量，出厂试验应有使用单位人员参与。交接试验和检修后试验都属于设备投运前的测试，检查设备有无缺陷、运输过程中有无损坏、安装是否正确、检修质量是否合格等。预防性试验是指设备投入运行后，按周期进行的状态量检查，主要侧重于绝缘类缺陷。

通常，将出厂试验数据作为设备状态量的初值，若出厂试验数据遗失或对其存在疑问时，可以交接试验值、早期试验值、设备核心部件或主体进行解体性检修之后的首次试验值等作为初值。检测数据与初值相比较，应无显著性差异，且数值在标准规定合格范围之内。停电试验时，破坏性试验必须在非破坏性试验合格之后才能进行。

GIS 投运后开展停电试验是一个非常重要的检测手段，能够发现部分缺陷，但停电试验电压较低，不能够反映设备运行状态下的真实状况；并且高压设备的绝缘劣化是一个累积和发展的过程，停电试验无法及时发现该类潜伏性缺陷。

二、带电检测

GIS 带电检测是在不停电的情况下，对设备状态量进行的现场检测，其检测方式为带电短时间内检测，有别于长期连续的在线监测，可以及早发现设备内部局部放电及其他缺陷信号，检测出 GIS 内部缺陷信息及其严重程度，实现缺陷精确定位，对故障提出预警，从而实现有计划的安排检修，减少设备损坏和事故的发生。

随着状态检修应用研究的逐步深化，GIS 全寿命周期管理已在各供电公司内广泛开展，预防性停电试验工作有所减少，而且目前的预防性试验项目多为低电压试验，试验结果不能完全反映设备实际运行电压下的状态，带电检测则恰好弥补了这些不足。

随着带电检测技术的日渐成熟，用带电检测及在线监测手段来替代预防性停电试验，使之为设备状态评价提供更加准确、全面的信息变得逐渐可行。因此，加强带电检测技术在 GIS 中的应用变得越来越重要。

从目前带电检测情况来看，GIS 带电检测对人的依赖性比较大，无论现场检测还是结果分析都是由现场检测人员进行，对人员素质及技术水平要求较高。对于相同的检测信号，不同的检测人员给出的判断结果有可能并不相同，因此，加强带电检测技术人员的技能技术水平显得尤为重要。

当前，国内外 GIS 带电检测使用的主要带电检测方法有射频巡检技术、特高频局部放电检测技术、超声波局部放电检测技术、红外热成像检测技术、SF_6 气体组分检测技术、避雷器阻性电流测试技术等，X 射线检测技术由于价格昂贵使用要求高主要用于特殊情况下的故障诊断，机械振动检测技术相对还不成熟，处于发展阶段。

1. 特高频局部放电检测技术

特高频检测技术是指对频率介于 300～3000MHz 区间的局部放电信号进行采集、分析、判断的一种检测方法，能够在足够宽的频率范围内检测局部放电信号，可以有效避免漏测真实的局部放电信号。其原理是根据局部放电所激发的电磁波特性，利用特高频传感器来接收这些电磁波信号并对其进行分析，从而实现对 GIS 局部放电异常信号的检测、缺陷类型分析和局部放电源定位。特高频局部放电检测具有检测灵敏度高、现场抗低频干扰能力强的特点，适用于现场对 GIS 开展带电检测。

2. 超声波局部放电检测技术

超声波检测技术是指对频率介于 20～200kHz 区间的声信号进行采集、分析、判断的一种检测方法。当存在自由颗粒或有放电现象发生时，放电信号通过行波的形式传输到壳体上，将超声传感器贴在金属壳体外接受信号，检测颗粒跳动或放电信号的大小、频率特性等。该检测方法不受电磁干扰的影响，能有效用于外壳的环境（如气体绝缘开关）、大容器的检测，用于确定一个复杂系统内局部放电源的准确位置。

3. 红外热成像检测技术

电力设备在运行中会产生热效应，红外热成像检测即通过对电气设备表面温度及其分布的测试、分析和判断，准确地发现电气设备运行中的异常和缺陷，从而使部分事故检修转为预见性检修。

4. SF_6气体组分测量技术

GIS 和 SF_6 断路器内部发生故障时，会发生局部放电，一部分放电量会引起 SF_6 气体的分解，产生 SF_4、SOF_2、HF、SO_2 等活泼气体。用化学分析法对这些被分解的气体进行检查，会测出设备内部发生的局部放电。

三、在线监测

设备在线监测技术的优势主要体现在可以连续、实时地检测设备的运行状态，在某些恶性故障的形成过程中，或者在破坏性故障的初期便采集到信息，及时诊断原因和分析发展趋势，避免故障的扩大和二次事故的出现，真正做到防患于未然。

在线监测系统应用情况表明，该系统对及时发现电力设备绝缘缺陷、保证设备安全运行起到了良好作用，推动了运维水平的提高，加快了设备运行状态的信息反馈，缩短了故障判断和处理时间，减少了因停电造成的经济损失，并为实现无人值班变电站的建设创造了条件。

同时，在线监测系统仍存在诸多问题。首先，在线监测工作缺乏统一管理，市场产品繁杂，许多产品未经严格的校验和审查便进入系统运行；其次，监测系统本身运行可靠性不足，测量数据不稳定、抗干扰性能较差、受环境变化影响大、元器件易损坏；同时，运行人员技术不能完全满足需求，产品售后服务也未达到理想水平，在线监测系统得不到合理维护。采用在线监测装置实时观察其缺陷发展趋势，对准确把握 GIS 状态具有十分重要的作用。

局部放电在线监测的主要目的是通过识别放电，如内部放电、表面放电、电晕、树枝状放电等引起的缺陷，了解 GIS 绝缘存在的问题。因此，局部放电的检测和故障诊断对于评估放电的危害程度是很重要的。为了提高 GIS 运行的可靠性和安全性，配合电力系统电气设备的状态检修，延长 GIS 的停电周期，预防性的局部放电在线监测得到越来越广泛的应用和重视。

对重要设备及带缺陷设备来说，发展 GIS 局部放电在线监测技术是未来的重要手段之一，但同时要看到在线监测技术的不足之处，不能完全依赖于它。

第 二 章

特高频局部放电检测

在电力设备的绝缘系统中，只有部分区域发生放电，而没有贯穿施加电压的导体之间，即尚未击穿，这种现象称为局部放电。它是由于局部电场畸变、局部场强集中，从而引起绝缘介质局部范围内的气体放电或击穿所造成的。它可能发生在导体边缘，也可能发生在绝缘体的表面或内部。在绝缘体中的局部放电甚至会腐蚀绝缘材料，并最终导致绝缘击穿。因此，进行局部放电检测，预防绝缘事故的发生，对维护设备安全和电力系统稳定运行有着十分重要的意义。

局部放电是一种脉冲放电，它会在设备内部和周围产生一系列的光、声、电气和机械振动等物理现象和化学变化。这些伴随局部放电而产生的各种物理和化学变化可以检测并反映设备内部绝缘状态。目前在 GIS 局部放电检测工作中应用较为广泛的是特高频局部放电检测、超声波局部放电检测、SF_6 气体分解产物分析等方法，实际检测分析时常采用多种手段联合的方式进行。本章主要介绍特高频局部放电检测方法。

第一节　特高频局部放电检测原理

一、GIS 内部特高频电磁波传播特性

GIS 的局部放电电流脉冲具有极陡的上升沿，其上升时间为纳秒级，激发起高达数百兆赫兹的电磁波，在 GIS 腔体构成的同轴结构中传播，透过环氧材料等非金属部件传播出来，便可通过外置式特高频传感器进行检测。若采用内置式传感器，则可直接从设备内部检测局部放电产生的电磁波信号。其检测基本原理如图 2-1 所示。

特高频法检测的对象是局部放电产生的电磁波信号，但由于受 GIS 结构的影响，局部放电激励的电磁波信号在 GIS 中传播到特高频传感器时信号的波形与幅值等参数发生变化，从而增加了局部放电评估工作的复杂性。

当 GIS 内部存在局部放电现象时，所产生的特高频电磁波能够沿着 GIS 的管体向远处传播。由于 GIS 的管体结构类似于波导，特高频电磁波在传播时的衰减比较小，因

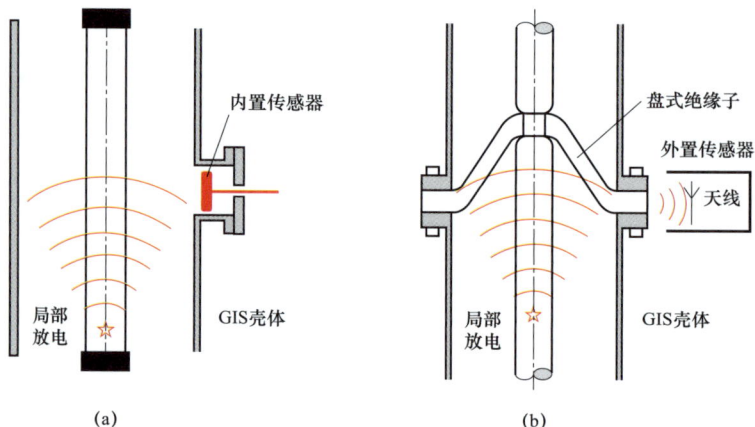

图 2-1 GIS 特高频局部放电带电检测原理图
(a) 内置传感器；(b) 外置传感器

此能够传播到较远的距离，通过 GIS 体外的盆式绝缘子处安放外置式传感器即可检测到特高频信号。但是，GIS 波导壁为非理想导体，电磁波在 GIS 内部传播过程中会有功率损耗，因此电磁波的振幅将沿传播方向逐渐衰减。并且 GIS 中 SF_6 气体将引起波导体积中的介质损耗，也会造成波的衰减，但这种衰减比信号在绝缘子处由于反射造成的能量损耗低很多，一般在进行测量时可以不考虑。

GIS 有许多法兰连接的盆式绝缘子、拐弯结构和 T 型接头、隔离开关及断路器等不连续点，特高频信号在传播过程中经过这些结构时，必然造成衰减，绝缘子和接头处的反射是造成信号能量损失的主要原因，绝缘子处衰减 2～3dB，T 型接头衰减 8～10dB。

电磁波信号经过单个绝缘子时，绝缘子对信号衰减较大，信号中 700MHz 以下的分量衰减较小，700MHz 以上其衰减有随频率升高而增大的趋势。而由绝缘子泄漏的电磁波信号衰减更为严重，特别是 1.1GHz 以下的分量严重衰减，相当于高通滤波器的作用。局部放电激发的电磁波信号经过第一个绝缘子时由于色散效应、反射及泄漏等影响，衰减较大，达 7.1dB，而后电磁波信号经过后面的绝缘子衰减变得较小。经过 6 个绝缘子后的信号与发生局部放电的气室中的信号相比只有其 10%，即衰减达 20dB。

电磁波信号经过 GIS 各不连续部件时衰减特性的仿真分析结果见表 2-1，表中数值单位均为 dB。

表 2-1　　　　　　　　电磁波经过 GIS 中各部件后的衰减特性

部件参数	多个绝缘子			L 分支	T 分支	
	第一个	第二个	第三个		直线部分	垂直部分
信号幅值	7.1	3.2	2.6	8.0	6.9	10.5
400MHz 低通滤波信号幅值	1.5	1.4	1.6	0.9	3.9	4.9
信号能量	16.9	6.6	8.5	25.1	14.9	19.1

二、特高频局部放电检测技术

运行中的 GIS 发生故障的原因，可能是母线气室内有超过一定长度的自由金属体，可能是由于屏蔽层与高压母线或气室间的绝缘问题而引起的电火花，也可能是因为尖端（突起）部位产生的电晕放电，所有这些问题都会在 GIS 发生故障之前，出现局部放电现象。在某些情况下，局部放电现象能够存在数月甚至更长时间，每次局部放电都会对设备绝缘产生一定程度的损坏，而且这种损坏会逐渐积累，当其累计损坏量足够大时，就会击穿绝缘介质，造成短路，使设备彻底损坏。

局部放电量的大小本身并不能直接表现设备发生故障的危险程度，但产生局部放电的原因必须要弄清楚，然后才能评估局部放电对设备的影响程度。

特高频局部放电检测技术和其他方法相比，具有以下显著特点：

（1）检测灵敏度高。局部放电产生的特高频电磁波信号在 GIS 中传播时衰减较小，如果不计绝缘子等处的影响，1GHz 的特高频电磁波信号衰减仅为 3～5dB/km。而且由于电磁波在 GIS 中绝缘子等不连续处反射，还会在腔体中引起谐振，使局部放电信号振荡时间加长，便于检测。另外，与超声波检测法相比，其检测有效范围大得多，实现 GIS 在线监测需要的传感器数目较少。

（2）现场抗干扰能力强。由于 GIS 运行现场存在着大量的电气干扰，给局部放电检测带来一定的难度。高压线路与设备在空气中的电晕放电干扰最为常见，其放电能量主要集中在 300MHz 以下频率段，特高频的检测频段则通常为 300M～3GHz，有效地避开了现场电晕等干扰。

（3）可实现局部放电在线定位。电磁波信号在 GIS 腔体中传播近似为光速（3m/ns），其到达各特高频传感器的时间与其传播距离直接相关。因此，可根据特高频电磁波信号到达其附近两侧特高频传感器的时间差，计算出局部放电源的具体位置，实现绝缘缺陷定位。

（4）有利于绝缘缺陷类型识别。不同类型绝缘缺陷的局部放电所产生的特高频信号具有不同的频谱特征，除了可利用常规方法的信号时域分布特征之外，还可以结合特高频信号频域分布特征进行局部放电信号识别，实现绝缘缺陷类型诊断。

（5）无法有效检测无放电现象的自由金属颗粒缺陷。腔体内的自由金属颗粒，若无放电现象，则不会产生电磁波信号，利用特高频局部放电检测技术无法有效诊断。针对此类缺陷，可以采用超声波法进行检测。

三、特高频局部放电检测特征图谱

进行特高频局部放电检测时，分析主机上的分析诊断软件通过脉冲序列相位分布图谱（PRPS）、局部放电相位分布图谱（PRPD）实时显示数据，根据设定条件进行存储，可利用图谱数据库对存储的数字信号进行分析诊断，给出局部放电缺陷类型诊断结果，并做定位分析。

1. PRPS 图谱

PRPS 图谱是分析主机的一种实时三维图，一般情况下 x 轴表示相位，y 轴表示信号周期数量，z 轴表示信号强度或幅值。PRPS 图谱是特高频局部放电类型识别最主要的分析图谱，如图 2-2 所示。

2. PRPD 图谱

PRPD 图谱是一种平面点分布图，点的横坐标为相位，纵坐标为幅值，点的累积颜色深度表示此处放电脉冲密度，根据电的分布情况可判断信号主要集中的相位、幅值及放电次数情况，并根据点的分布特征来对放电类型进行判断。PRPD 图谱也是特高频法局部放电类型识别常用的分析图谱，如图 2-3 所示。

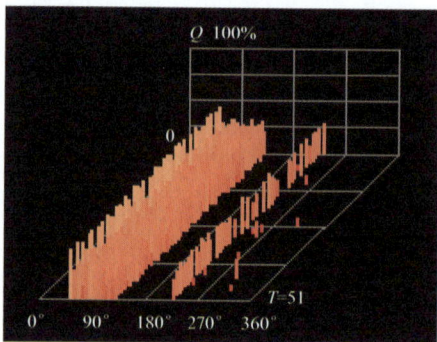

图 2-2 特高频 PRPS 脉冲序列相位分布图谱

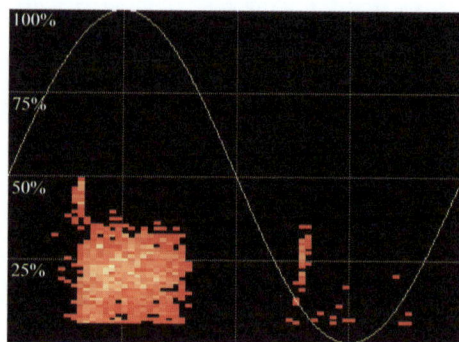

图 2-3 特高频 PRPD 相位分布图谱

四、射频巡检技术

电力设备巡检作为运行人员的日常工作之一，是保障变电站设备安全、稳定运行的主要手段。绝大多数运行单位主要采用外观检查、气体密度值检查、操动机构状态检查、定期红外热像检测等方式对 GIS 进行检测，虽然可以有效发现高压引线及接地线连接是否正常、有无异常声响、有无物件破损、有无异物附着、有无气体泄漏、操动机构压力位置是否正确、有无集中性严重发热缺陷等，但对于 GIS 内部缺陷状态缺乏有效检测与判断手段，如内部局部放电等现象，由于放电量很微弱，且通过 GIS 气室、设备金属外壳隔离，仅靠眼观耳听是察觉不到的。

射频巡检技术检测频段可以达到 $100\sim1000\text{MHz}$ 以上，它采用非接触式检测方式，通过测量 GIS 设备运行时的幅频响应特性，对比设备正常运行的射频信号曲线与存在局部放电等缺陷状态下的射频信号曲线差异，定性判断设备运行状态，可以初步判断电力设备是否存在缺陷，并大致确定缺陷范围，具有安全性高、劳动强度低、操作方式简单、信号直观易懂的特点。

GIS 局部放电会在设备外壳上产生流动的电磁波,使接地线上或套管处有高频放电脉冲电流流过,从而导致外壳对地呈现高频电压并向周围空间传播。射频识别检测法是通过无线检测方式,接收这些从设备内部发出的放电信号,测量的信号频带宽,大大提高了局部放电的测量频率宽度。检测设备不改变电力系统的运行方式。

射频巡检基本原理如图2-4所示。

研究表明,空气中电晕的放电频段可达

图2-4 射频巡检基本原理图

10MHz,瓷套管表面脏污产生的沿面放电频段可达250MHz,设备内部产生的局部放电信号频段可达1GHz,并且频率越高衰减越大。因此通过考察200～800MHz频率范围内的信号情况可以有助于分析设备内部局部放电状况。

检测时,首先在变电站外选取基线,背景基线要选择准确,尽量在无电磁干扰的环境下选取。在检测过程中手指不要触碰天线,应最大限度保持测试周围信号的干净,尽量减少人为制造出的干扰信号,如手机信号、照相机闪光灯信号、照明灯信号等。对疑似点,应多测量几次,并观察时域模式。

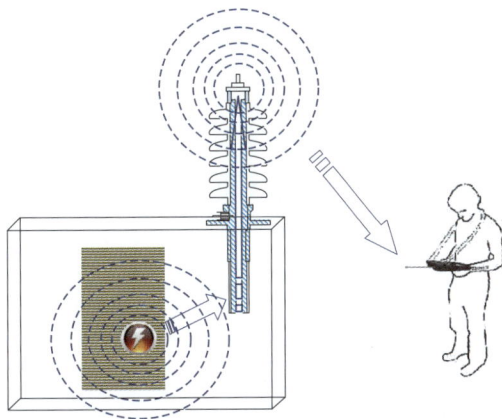

第二节 特高频局部放电现场检测

一、特高频局部放电检测基本要求

1. 人员技术要求

GIS特高频局部放电现场检测是为保证电力安全生产的一项带电检测技术,要求从事该项工作的专业技术人员有一定的业务素质。

(1)检测人员应严格执行电力安全工作规程相关规定和要求,严格执行发电厂、变(配)电站巡视的要求。检测至少由两人进行,工作负责人应具备带电检测现场工作经验,熟悉并严格执行保证安全的组织措施、技术措施以及相关安全管理规定。

(2)检测人员应了解GIS的结构特点、工作原理、运行状况并掌握设备故障分析诊断的基本技能;应熟悉特高频局部放电检测的基本原理、诊断程序和缺陷定性的方法,了解特高频局部放电检测仪的工作原理、技术参数和性能,掌握特高频局部放电检测仪的操作程序和使用方法;应熟悉标准化作业流程,接受过GIS特高频局部放电带电检测的培训，具备现场测试能力。

（3）雷雨、风暴等恶劣天气下应暂停检测工作。

（4）确保操作人员及测试仪器与电力设备的高压部分保持足够的安全距离，完善个人劳动保护用品及防护措施，防止感应电触电伤人。

（5）检测过程中应避开设备防爆口或压力释放口。

（6）测试现场出现较严重的明显异常情况时（如异音、电压波动、系统接地等），应立即停止测试工作并撤离现场。

（7）检测工作结束后，应清理现场并经确认后方可撤离，且工作结束后禁止工作班成员再次返回工作现场。若确需返回工作现场时，应按照运行工况重新履行工作许可手续，并完善保障安全的组织措施、技术措施。

2. 被试设备条件

被测试设备应具备以下五个方面条件：

（1）被检测设备是带电运行设备，GIS 气体为额定压力，气体密度继电器、设备操动机构、继电保护装置等应无影响检测安全的遗留缺陷。

（2）检测期间，运行设备无任何操作，在 GIS 上无其他作业。

（3）金属外壳应清洁、无覆冰等。

（4）GIS 应内置式特高频传感器。在没有内置式特高频传感器而采用外置式特高频传感器检测时，盆式绝缘子应为非全金属封闭或留有浇注口位置（浇注口位置有金属压板时应可拆卸）。对于可拆卸式的浇注口位置金属压板，应在检测完成后及时恢复至初始状态，恶劣气候条件下禁止拆卸压板。

（5）进行室外检测时，应避免雨、雪、雾、露等湿度大于 80%的天气条件对 GIS 外壳表面的影响。

3. 推荐检测周期

对于特高频局部放电检测，推荐按以下周期执行：

（1）应在设备投运后或 A 类检修后 1 周内进行 1 次运行电压下的特高频局部放电检测，记录每一测试点的测试数据作为初始数据，今后运行中测试应与初始数据进行比对。

（2）正常情况下，1000kV 电压等级 GIS 半年 1 次，750kV 及以下电压等级 GIS 一年 1 次。

（3）检测到 GIS 有异常信号但不能完全判定时，可根据 GIS 的运行工况，缩短检测周期，增加检测次数，并应分析信号的特点和发展趋势。

（4）必要时，对重要部件（如断路器、隔离开关、母线等）进行重点检测。

（5）对于运行年限超过 15 年以上的 GIS，宜考虑缩短检测周期。

二、特高频局部放电检测步骤

1. 作业现场查勘

检测工作前，应提前查勘作业现场。查勘时，要掌握待测设备基本信息，收集所需图纸资料（包括一次接线图、气体系统图、设备内部结构图等）、运行数据（包括检测时运行方式、负荷电流、后台报警情况等）和历史检测数据，熟悉现场作业环境，严控安全风险隐患，并认真填写查勘记录。

2. 仪器准备

检测前，应做好准备工作，包括以下五个方面：

（1）准备所需检测仪器与安全工器具，安全工器具应满足检测要求，并经校验合格，且在校验周期内。

（2）检查仪器完整性，确认仪器能正常工作，保证仪器附件齐全、电量充足，现场交流电源满足仪器使用要求。

（3）检查被试设备是否满足特高频局部放电带电检测要求。

（4）检查现场试验区域是否满足安全要求、环境是否符合检测要求。

（5）查阅搜集被试设备一次系统接线图及内部结构图，了解设备近年缺陷、故障运行状况。

3. 仪器接线

首先连接检测仪器，将检测仪器主机正确接地，通过检测信号线将特高频传感器与检测主机相连，通过网线将检测仪器主机与分析主机相连。然后进行仪器工况检测，开机后运行检测软件，检查检测仪器主机和分析主机通信状况、同步状态、相位偏移等参数；进行系统自检，确认各检测通道工作正常。

4. 参数设置

记录现场检测环境参数，包括环境温度、相对湿度、气象条件；设置检测参数，包括设置变电站名称、检测人员、检测位置，并做好标注；根据现场噪声水平设定各通道信号检测阈值。

5. 测试点选择

测试前，应选好测试点。对于 GIS 在断路器处、隔离开关、接地开关、电流互感器、电压互感器、导体连接部件等处均应设置测试点。一般每个 GIS 间隔取 2～3 点，对于较长的母线气室，可 5～10m 取一点，应保持每次测试点的位置一致，以便于进行比较分析。

6. 背景测量

测量背景时，应将传感器置于被测盆式绝缘子附近空气中，测量空间背景噪声并保存图谱。

7. 信号检测

测量特高频信号前，应尽可能排除干扰源的存在。如关闭手机、日光灯等能够发射电磁信号的设备。

测量特高频信号时，若采用外置式传感器应将传感器固定在盆式绝缘子上，打开连接传感器的检测通道，观察检测到的信号。每个检测点测试时间不少于 30s，并保存 PRPS、PRPD 等谱图数据。

GIS 内部局部放电产生的特高频信号在 GIS 腔体内以横向电磁波方式传播，只有在 GIS 外壳的金属非连续部位才能泄漏出来。因此，采用外置式特高频传感器时，在 GIS 上只有无金属法兰的绝缘子、观察窗、接地开关的外露绝缘件、SF$_6$ 气体压力释放窗等部位才能测量到信号，特高频传感器需安置在这些部位，传感器放置位置还应避开紧固绝缘盆子螺栓，以减少螺栓对内部电磁波的屏蔽以及传感器与螺栓产生的外部静电干扰。若 GIS 装有内置式传感器，应优先选择内置式传感器进行检测。

8. 数据诊断分析

检测过程中，如存在异常信号，首先排除信号是否来自现场干扰。

若检测信号非现场干扰，而来自 GIS 内部，则应在该隔室进行多点检测，查找信号最大点的位置，并对多组测量数据进行幅值对比和趋势分析。

特高频信号异常定位详见本章第三节内容。

三、特高频局部放电检测注意事项

特高频局部放电检测过程中，应注意以下事项：

（1）特高频局部放电检测仪适用于检测有预埋式的内置特高频传感器或盆式绝缘子为非屏蔽状态和浇注孔金属盖板可拆卸的 GIS，若 GIS 的盆式绝缘子为屏蔽状态则无法检测。

（2）检测时应与设备带电部位保持足够的安全距离，并避开设备防爆口或压力释放口。

（3）户外作业如遇雷、雨、雪、雾时，不得进行该项工作；风力大于 5 级时，不宜进行该项工作。

（4）在开始检测时，不需要加装信号放大器进行测量。若发现有微弱的异常信号时，可以接入信号放大器将信号放大以便于判断。

（5）检测中应将检测信号线完全展开，避免信号线外皮受到剐蹭损伤。检测仪器应置于阴凉干燥区域，防止暴晒、雨淋、水浸、撞击、踩踏等。

（6）传感器与盆式绝缘子紧密接触，且应放置于两颗紧固盆式绝缘子螺栓的中间，以减少螺栓对内部电磁波的屏蔽及传感器与螺栓产生的外部静电干扰。尽量保持每次测试点的位置一致，以便于进行比较分析。

（7）在测量时，应尽可能保证传感器与盆式绝缘子相对静止，检测过程中避免传感器位移造成干扰信号，防止传感器坠落而误碰运行设备和试验设备。

（8）检测时应最大限度保持测试周围信号的干净，尽量减少人为制造出的干扰信号，如手机信号、照相机闪光灯信号、照明灯信号等。

（9）在检测到异常信号时，应对该间隔每个盆式绝缘子进行检测并存储相应的数据图谱。为避免"故障源"是来自 GIS 壳体环流引起的干扰，应使用独立的接地线，使测量仪器在传感器所在区域附近的 GIS 结构上接地。

（10）测试现场出现明显异常情况（如异常声响、强烈缺陷放电、电压波动、系统接地等）时，应立即停止测试工作并撤离现场。

第三节　特高频局部放电检测异常诊断分析

一、特高频局部放电检测异常判断流程

1. 准备工作

确定检测仪器状态良好，电量充足。相关图纸资料、历史检测数据应准备充分，必要时应提前进行现场勘察。

2. 背景信号检测

测试异常位置周围的特高频信号背景值。

3. 确定测试点

利用外露的盆式绝缘子处或内置式传感器，在断路器断口处、隔离开关、接地开关、电流互感器、电压互感器、避雷器、导体连接部件等处均应设置测试点。一般每个 GIS 间隔取 2～3 点，对于较长的母线气室，可 5～10m 取一点，应保持每次测试点的位置一致，以便于进行比较分析。

4. 信号检测

每个检测点测试时间不少于 30s，保存 PRPS、PRPD 等谱图数据。如存在异常信号，则应在该隔室进行多点检测，查找信号最大点的位置，并对多组测量数据进行幅值对比和趋势分析。

5. 判断信号类型

根据测试信号谱图与典型谱图库作比较，结合工作经验，判断异常信号属于何种局部放电类型或外部干扰信号。

6. 确定干扰源

通常采用平面分法定位。首先将两个传感器按照相同朝向放置，移动两个传感器的

位置，使示波器两个通道信号重叠，这时信号源位于两个传感器中间的一个平面上。同样的方式在相对的方向上以及上下的方向上各确定一个平面，最终可查找信号源的位置。

7. 诊断定位

综合利用幅值定位法、时差定位法、定相法对放电源准确定位。诊断定位时，可结合超声波局部放电检测技术、SF_6 组分检测技术、红外热像检测技术等的检测数据进行综合分析判断。

二、特高频局部放电检测干扰信号排除手段

现场会有多种多样的干扰信号，可利用以下方式对现场的干扰信号进行逐一排除：

（1）关闭常见干扰源，如一些室内的排风扇、空调、日光灯、驱鼠器等。

（2）选择其他时间段进行测试，避开无线电及电子装置的干扰。

（3）通过分析检测到的脉冲信号的性质判断是否为干扰信号。

（4）通过时差定位技术判断信号的来源，若信号来源于被试设备外部，则判断为干扰信号。

（5）采用屏蔽手段防止外界干扰信号进入传感器。

检测信号若出现与表 2-2 中图谱相类似的情况，应进一步检测判断其是否为干扰信号。

表 2-2　　　　　　　特高频局部放电检测干扰信号的典型图谱

类型	干扰特点	典型干扰波形	典型干扰图谱
手机信号	波形相对固定，幅值稳定，没有工频相关性，不具有相位特征，有特定的重复频率		
雷达信号	波形有明显的具有周期特征的峰值点，没有工频相关性，不具有相位特征		

类型	干扰特点	典型干扰波形	典型干扰图谱
日光灯干扰	波形幅值变化较大，没有工频相关性，不具有相位特征，没有周期重复现象		
发动机干扰	波形没有明显的相位特征，幅值分布较广		

三、特高频局部放电检测信号定位方法

当检测波形与典型图谱具有相似性，或数值达到了设备异常或缺陷的标准时，利用多传感器同步测试、不同时期检测数据比较、信号频率变化、时域情况下信号工频相关性对信号进行复核。可利用传感器不同测试位置信号时延变化规律、信号衰减规律来对确认的缺陷进行定位。

（1）幅值定位法。幅值定位法的基本思路是距离放电源最近的传感器检测到的信号最强。当在多个点同时检测到放电信号时，信号强度最大的测点可判断为最接近放电源的位置。对于信号传播途径较为复杂的工况条件下，幅值定位法受多种因素制约影响，准确度不稳定。

（2）时差定位法。时差定位法的基本思路是距离放电源最近的传感器检测到的时域信号最超前。适用于采用高速数字示波器的带电检测装置。方法为将传感器分别放置在GIS上两个相邻的测点位置，根据放电检测信号的时差，可计算得到局部放电源的具体位置。

（3）定相法。定相法的基本思路是在三相均可检测到相似局部放电信号的情况下，基于时域信号的差异相即为放电源的所在相别。定相法往往与幅值比较法综合应用，第一步确定放电信号源是否唯一。具体做法是在同步信号不变的情况下分别检测三相的同一位置，若其PRPS、PRPD谱图相位分布相同，则说明附近放电信号来自于一个放电源；若相位分布不同，则说明附近存在两个或两个以上的放电源。第二步是确定放电源

相别，具体做法是应用高速示波器同时检测设备三相相同位置的特高频局部放电时域信号，若两相极性与另外一相相反，则相反的相即为放电源所在的相别。

以上三种方法各有特点，信号定位时宜相互结合应用。

四、特高频局部放电检测异常分析判断方法

在 GIS 局部放电的检测中，测得的局部放电信号的强度和局部放电的真实放电量、局部放电类型以及放电信号的传播路径有关。由于局部放电类型和局部放电信号传播路径的复杂变化，以及视在放电量和真实放电量之间的不确定关系，不能简单地仅由信号强度判断局部放电量或判断绝缘缺陷严重程度。

1. 数据分析

局部放电缺陷的严重程度应根据放电源的定位结果、放电类型的识别结果、GIS 缺陷部位内部结构和检测特征量的发展趋势进行综合判断，分析中应综合各种检测方法和检测设备的数据、历次的数据变化趋势、环境温湿度、负荷大小等进行综合分析。

在局部放电带电检测中，如果检测到放电信号，应结合超声波、气体成分分析等测试手段，确定为 GIS 内部的局部放电时，则应把所测波形和谱图与典型放电波形和谱图进行比较，确定其局部放电的类型。局部放电类型识别的准确程度取决于经验和数据的不断积累，目前尚未达到完善的程度。在实际检测中，当检测结果和检修结果确定以后，应保留波形和谱图数据，作为今后局部放电类型识别的依据。

2. 局部放电特性描述

（1）悬浮电位体放电。为松动金属部件产生的局部放电。悬浮放电脉冲幅值稳定，且相邻放电时间间隔基本一致。当悬浮金属体不对称时，正负半波检测信号有极性差异。

（2）自由金属颗粒放电。为金属颗粒和金属颗粒间的局部放电，金属颗粒和金属部件间的局部放电。颗粒放电幅值分布较广，放电时间间隔不稳定，其极性效应不明显，在整个工频周期相位均有放电信号分布。

（3）绝缘件内部气隙放电。固体绝缘内部开裂、气隙等缺陷引起的放电，放电次数少，周期重复性低。放电幅值也较分散，但放电相位较稳定，无明显极性效应。

（4）沿面放电。绝缘表面金属颗粒或绝缘表面脏污导致的局部放电；放电幅值分散性较大，放电时间间隔不稳定，极性效应不明显。

（5）金属尖端放电。处于高电位或低电位的金属毛刺或尖端，由于电场集中，产生的 SF_6 电晕放电。放电次数较多，放电幅值分散性小，时间间隔均匀。放电的极性效应非常明显，通常仅在工频相位的负半周出现。

（6）机械振动（非局部放电）。如果机械振动没有伴随有局部放电信号，特高频将测不到局部放电信号。

3. 局部放电典型图谱

利用典型局部放电信号的波形特征或统计特性建立局部放电模式库，通过局部放电检测结果和模式库的对比，可进行局部放电类型识别。

典型缺陷放电特征及其图谱见表2-3。

表2-3 GIS 局部放电特高频信号检测的典型图谱

类型	放电模式	典型放电波形	典型放电谱图
自由金属颗粒放电	金属颗粒和金属颗粒间的局部放电，金属颗粒和金属部件间的局部放电		
	放电幅值分布较广，放电时间间隔不稳定，其极性效应不明显，在整个工频周期相位均有放电信号分布		
悬浮电位体放电	松动金属部件产生的局部放电		
	放电脉冲幅值稳定，且相邻放电时间间隔基本一致。当悬浮金属体不对称时，正负半波检测信号有极性差异		
绝缘件内部气隙放电	固体绝缘内部开裂、气隙等缺陷引起的放电		
	放电次数少，周期重复性低。放电幅值也较分散，但放电相位较稳定，无明显极性效应		
沿面放电	绝缘表面金属颗粒或绝缘表面脏污导致的局部放电		
	放电幅值分散性较大，放电时间间隔不稳定，无明显极性效应		
金属尖端放电	处于高电位或低电位的金属毛刺或尖端，由于电场集中，产生的SF_6电晕放电		
	放电次数较多，放电幅值分散性小，时间间隔均匀。放电的极性效应非常明显，通常仅在工频相位的负半周出现		

4. 局部放电常见异常图谱

常见特高频局部放电现场检测异常图谱参见附录 A。检测过程中可参考典型异常图谱进行比对分析，判断缺陷类型，结合设备类型、缺陷位置、信号强度、信号传播路径等因素进行综合分析，制定合理的检修策略。

5. 局部放电严重程度判定

局部放电视在放电量是常规脉冲电流法判断缺陷严重程度的基本参数，但特高频检测尚没有成熟的定量评价方法。

GIS 局部放电缺陷的严重程度应根据放电类型的识别结果和检测特征量的发展趋势（随时间推移同一测试点放电强度、放电频率、放电频次变化规律等）进行综合判断，分析中应参考超声波局部放电检测和气体分解物检测等诊断性试验结果。

在 GIS 中，悬浮电位体放电立即引起设备故障的可能性不大，可以将判断标准适当放宽，幅值因而也较其他局部放电类型的会大一点，但还是建议一旦发现就进行停电处理。对于气隙放电，使用特高频是有效果的，绝缘缺陷的危害会很大，判断标准应比其他类型放电更严厉，建议一旦发现就进行停电处理。对于颗粒放电，GIS 中其特高频局部放电图谱没有工频相关性，大多是通过超声波局部放电图谱来进行判断，由于颗粒放电不确定因素太多，所以判断标准也较严厉，建议一旦发现就进行停电处理。

以上判断依据，均为确定放电类型后严重程度的判断，判断时也应结合放电的位置进行综合分析。

6. 确定检修策略

在局部放电带电检测中，如果检测到放电信号，同时定位结果位于设备的重要部件，如断路器、电压互感器、电流互感器、隔离开关、盆式绝缘子等处，建议根据实际情况尽快安排停电检修。如果放电源位于非关键部位，则应缩短检测周期，关注放电信号强度和放电模式变化。

对存在异常的开关类设备，在该异常不能完全判定时，可根据开关类设备的运行工况，缩短检测周期，并参考设备的原始数据、出厂交接、日常巡视情况、历次停电试验情况、历次带电测试情况、缺陷记录、运行情况、设备的应用场所重要性后，才能制定相应的处理意见，如关注、预警、停电检修、更换设备等。

7. 异常判断注意事项

异常判断过程中，应注意以下事项：

（1）对干扰信号的分析排除应贯穿于整个测试和分析的过程中，尤其应防止新干扰源的进入。

（2）加强时域图谱和频域图谱的综合分析，根据单一图谱的判断结果可能会出现误判。

（3）加强在不同时间段的多次测试结果的比较，同时参考历史测试数据进行综合分析。

（4）特高频局部放电检测仪适用于检测内置预埋特高频传感器或盆式绝缘子为非屏蔽状态的 GIS，若 GIS 的盆式绝缘子为屏蔽状态则无法检测。

（5）检测中应将同轴电缆完全展开，避免同轴电缆受到损伤。传感器应与盆式绝缘子紧密接触，且应放置于绝缘子中部，以减少螺栓对内部电磁波的屏蔽及传感器与螺栓产生的外部静电干扰。

（6）在测量时应尽可能保证传感器与盆式绝缘子的接触，不要因为传感器移动引起的信号而干扰正确判断。

（7）在检测时应最大限度保持测试周围信号的干净，尽量减少人为制造出的干扰信号，如手机信号、照相机闪光灯信号、照明等信号。检测过程中，要保证外接电源的频率为 50Hz。

（8）对每个 GIS 间隔进行检测时，在无异常局部放电信号的情况下，只需存储断路器气室盆式绝缘子的三维信号，其他盆式绝缘子必须检测但可不用存储数据。在检测到异常信号时，必须对该间隔每个绝缘盆子进行检测并存储相应的谱图数据。

（9）在开始检测时，可不加装信号放大器进行测量。若发现有微弱的异常信号时，可接入信号放大器将信号放大以方便判断。

第四节　数据记录与检测报告

特高频局部放电检测过程中，应详细记录检测环境条件（包括环境温度、相对湿度等）、被测设备信息（包括被测设备所在变电站及电压等级、被测设备运行双重名称、被测设备铭牌资料、运行负荷大小等）、检测仪器信息（包括检测仪器名称、检测仪器型号等）、检测日期、检测人员、检测背景干扰源信息、原始检测数据（包括每个测试位置所对应的图谱编号、检测异常情况等）。

检测完毕后，根据检测情况出具检测报告，检测报告应能够准确、全面反映当次检测的对象、条件、方法、仪器和检测的结果。对于存在异常的疑似缺陷设备应进行复测并出具异常分析报告。必要时，可结合其他多种带电检测手段，对检测数据进行全方位综合分析。

原始数据记录、检测报告、异常分析报告应归类存档，以便纵向比较分析，判断设备状态参量发展趋势。

第 三 章

超声波局部放电检测

超声波局部放电检测技术是指对电力设备发生局部放电时产生的超声波信号进行采集、处理和分析来获取设备运行状态的一种状态检测技术。

超声波局部放电检测技术最早的应用始于 20 世纪 40 年代，但由于灵敏度低，易于受到外界干扰等原因，一直没有得到广泛的应用。20 世纪 80 年代以来，随着微电子技术和信号处理技术的飞速发展，以及压电换能元件效率的提高和低噪声的集成元件放大器的应用，超声波局部放电检测技术的灵敏度和抗干扰能力得到了很大提高，其在实际中的应用逐渐得到了重视。

挪威电科院的 L.E.Lundgaard 从 20 世纪 70 年代末开始研究局部放电的超声波检测法，并于 1992 年发表了介绍超声波局部放电检测的基本理论及其在变压器、电容器、户外绝缘子、空气绝缘开关中的应用情况的文章。随后，美国西屋公司的 Ron Harrold 对大电容的局部放电超声波检测技术进行了研究，并初步探索了超声波检测的幅值与脉冲电流法测量视在放电量之间的关系。进入 21 世纪之后，超声波检测法的实践应用越来越广泛，尤其是超声波检测法对于 GIS 内部局部放电缺陷及自由金属颗粒跳动缺陷的检测有效性，已经在大量检测案例中得到充分验证，成为 GIS 状态诊断的主要手段之一。

与电测法相比，超声波的传播速度较慢，对检测系统的速度与精度要求较低，且其空间传播方向性强，所以超声波检测局部放电的研究工作主要集中在定位方面，在利用超声波进行局部放电量大小确定和模式识别方面的研究工作相对较少。通常地，将超声波法与射频电磁波法（包括射频法和特高频法）联合起来进行局部放电定位的声电联合法成为一个新的发展趋势，在工程实际中得到了较为广泛的应用。

第一节　超声波局部放电检测原理

一、超声波的基本特性

超声波是指振动频率大于 20kHz 的声波。因其频率超出了人耳听觉的一般上限，所以将这种听不见的声波叫做超声波。超声波与声波一样，是物体机械振动状态的传播形式。按照声源在介质中振动的方向与波在介质中传播的方向之间的关系，可以将超声波分为纵波和横波两种形式。纵波又称疏密波，其质点运动方向与波的传播方向一致，能存于固体、液体和气体介质中；横波又称剪切波，其质点运动方向与波的传播方向垂直，仅能存在于固体介质中。

1. 声波的运动

声音以机械波的形式在介质中传播，也就是对介质的局部干扰的传播。对于液体而言，局部干扰造成介质的压缩和膨胀，这里的局部变化会造成介质密度的局部变化和分子的位移，此过程被称为粒子位移。

当声波从一种媒介传播到另一种具有不同密度或弹性的媒介时，就会发生反射和折射现象。当两种媒介声阻抗相差很大时，只有小部分垂直入射波可以穿过界面，其余全部被反射回原来的媒介中；声波以一定角度倾斜入射时，会产生折射现象。与其他所有的波一样，声波在遇到拐角或障碍物时也会发生衍射现象，当波长与障碍物尺寸相差不大或远大于障碍物尺寸时，衍射效果非常明显，但是当波长远小于障碍物尺寸时，则几乎不会发生衍射现象。

2. 声波的阻抗和强度

声波在气体中的传播速度是由状态方程决定的。对于液体，速度是由该液体的弹性决定的；对于固体，则是由胡克定律决定的。对于平面波，声的压强和颗粒速度的比被称为声阻抗，也被称为介质特征阻抗。声阻抗和电阻抗类似，当压强和速度异相的时候也可以是复数。声波强度是指单位时间内通过介质的声波能量，其单位为瓦特/平方米（W/m^2），它是一个非常重要的物理量。在实际应用中，声波强度也常用分贝（dB）来度量。

3. 声波的传播和衰减

声波在媒质中传播会产生衰减，造成衰减的原因有很多，如波的扩散、反射和热传导等。在气体和液体中，波的扩散是衰减的主要原因；在固体中，分子的撞击把声能转变为热能散失是衰减的主要原因。理论上，若媒介本身是均匀无损耗的，则声压与声源的距离成反比，声强与声源的距离的平方成反比。声波在复合媒质中传播时，在不同媒质的界面上，会产生反射，使穿透过的声波变弱。当声波从一种媒质传播到声特性阻抗不匹配的另一种媒质时，会有很大的界面衰减。两种媒质的声特性阻抗相差越大，造成的衰减就越大。声波在传播中的衰减，还与声波的频率有关，频率越高衰减越大。在空气中声波的衰减约正比于频率的 2 次方和 1 次方的差（f^2-f）；在液体中声波的衰减约正比于频率的 2 次方（f^2）；而在固体中声波的衰减约正比于频率（f）。

大部分气体对声波的吸收作用非常小，但是对于在某些条件下的某些气体（如 SF_6 和 CO_2），吸收作用对于能量的衰减意义重大。SF_6 气体对声波的吸收作用与其频率的平方成正比，并与静压力成反比。在空气中，吸收作用主要由空气的湿度来决定。

二、超声波局部放电检测技术

电力设备内部产生局部放电信号的时候，会产生冲击的振动及声波。局部放电发生前，放电点周围的电场应力、介质应力、粒子力处于相对平衡状态。局部放电是一种快速的电荷释放或迁移过程，这将导致放电点周围的电场应力、机械应力与粒子力失去平衡而出现振荡变化过程。机械应力与粒子力的快速振荡，导致放电点周围介质的振动现象，从而产生声波信号。该方法的特点是传感器与电力设备的电气回路无任何联系，不受电气方面的干扰，但在现场使用时易受周围环境噪声或设备机械振动的影响。

1. 超声波传感器

超声波传感器是将声源在被探测物体表面产生的机械振动转换为电信号，它的输出电压是表面位移波和它的响应函数的卷积。理想的传感器应能同时测量样品表面位移或速度的纵向和横向分量，在整个频谱范围内能将机械振动线性转变为电信号，并具有足够的灵敏度以探测很小的位移。

目前人们还无法制造上述这种理想的传感器，现在应用的传感器大部分由压电元件组成，压电元件通常采用锆钛酸铅、钛酸铅、钛酸钡等多晶体和铌酸锂、碘酸锂等单晶体，其中，锆钛酸铅（PZT-5）接收灵敏度高，是声发射传感器常用的压电材料。

电力设备局部放电检测用超声波传感器通常可分为接触式传感器和非接触式传感器。接触式传感器一般通过超声耦合剂贴合在电力设备外壳上，检测外壳上传播的超声波信号；非接触式传感器则是直接检测空气中的超声波信号，其原理与接触式传感器基本一致。

超声波传感器是超声波局部放电检测中的关键，在实际选用中应结合工作频带、灵敏度、分辨率以及现场检测的难易程度和经济效益问题进行综合衡量。

目前，应用最为广泛的是以压电陶瓷为材料的谐振式传感器，它利用压电陶瓷的正压电效应，即压电陶瓷在局部放电产生的机械应力波作用下发生形变而产生交变电场的原理。虽然局部放电及其所产生的声发射信号具有一定的随机性，每次局部放电的声波信号频谱不同，但整个局部放电声波信号的频率分布范围却变化不大，基本处于20~200kHz频段。

2. GIS常见典型缺陷模型

GIS中常见几种典型局部放电故障的超声波检测示意图分别如图3-1~图3-3所示。

超声波定位方法是利用放电产生的超声信号和电脉冲信号之间的时延，或直接利用各超声信号的时延、超声波信号强度等方法来进行定位。

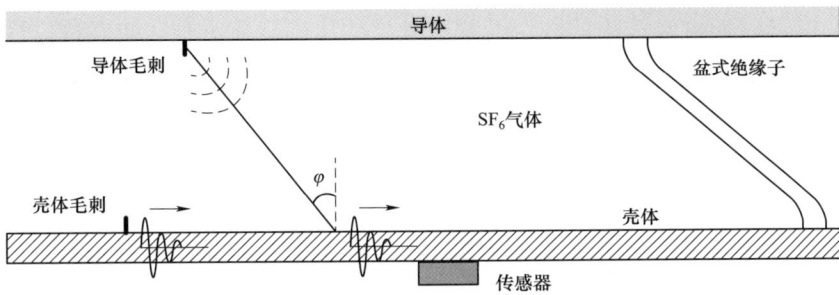

图 3－1　毛刺电晕放电超声波检测示意图

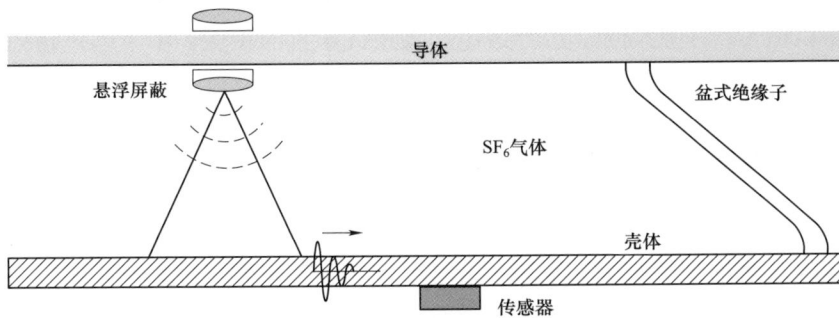

图 3－2　悬浮电位放电超声波检测示意图

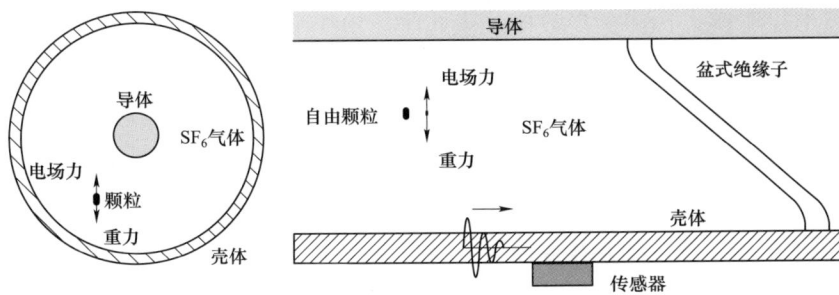

图 3－3　自由颗粒超声波检测示意图

声波是一种机械振动波。当发生局部放电时，在放电的区域中，分子间产生剧烈的撞击，这种撞击在宏观上表现为一种压力。由于局部放电是一连串的脉冲形式，所以由此产生的压力波也是脉冲形式的。

3. 超声波局部放电检测的技术特点

超声波检测方法有以下三方面技术优势：

（1）抗电磁干扰能力强。目前采用的超声波局部放电检测法是利用超声波传感器在电力设备的外壳部分进行检测。电力设备在运行过程中存在着较强的电磁干扰，而超声波检测是非电检测方法，其检测频段可以有效躲开电磁干扰，取得更好的检测效果。

（2）便于实现放电定位。确定局部放电位置既可以为设备缺陷的诊断提供有效的数据参考，也可以为检修策略的制定及检修效率的提高提供方便。超声波信号在传播过程中具有很强的方向性，能量集中，在检测过程中易于得到定向而集中的波束，从而方便进行定位。

（3）适应范围广。超声波局部放电检测可以广泛应用于各类一次设备。根据超声波信号传播途径的不同，超声波局部放电检测可分为接触式检测和非接触式检测。接触式超声波检测主要用于 GIS、变压器等设备外壳表面的超声波信号，而非接触式超声波检测可用于开关柜、配电线路等设备。

超声波局部放电检测技术也存在一定的不足，如对于内部缺陷不敏感、受周围环境噪声或设备机械振动干扰较大、进行放电类型模式识别难度大。由于超声信号在电力设备常用的绝缘材料中衰减较大，超声波检测法的检测范围有限。

三、超声波局部放电检测特征模式

局部放电是很复杂的物理现象，用单一表征参数很难全面描述，所以在检测过程中应尽量对各种放电谱图进行全面分析，以减少误判。局部放电缺陷诊断的主要依据是信号水平、频率相关性、相位分布和特征指数，同时也可以参考时域波形。

超声波局部放电检测常用的特征模式有连续检测模式、相位检测模式、脉冲检测模式、时域波形检测模式、特征指数检测模式等。

1. 连续检测模式

连续检测模式是超声波局部放电检测应用较为广泛的一种检测模式。该模式主要用于快速获取被测设备信号特征，具有显示直观、响应速度快的特点。连续检测模式的检测参数通常包括被测信号在一个工频周期内的有效值、周期峰值以及被测信号与 50、100Hz 的频率相关性（50Hz 频率相关性也称为频率成分 1，100Hz 频率相关性也称为频率成分 2），通过不同参数的大小组合可初步判断被测设备是否存在异常局部放电以及可能的放电类型。

2. 相位检测模式

由于局部放电信号的产生与工频电场具有相关性，因此可以将工频电压作为参考量，通过观察被测信号的发生相位是否具有聚集效应来判断被测信号是否因设备内部放电引起。当连续检测模式中频率成分 1 或频率成分 2 较大时，可进入相位检测模式，对信号的相位分布进行检测。该模式主要用于进一步确认异常信号的相位信息，以便判断异常信号是否与工频电压存在相关性，进而判断异常信号是否为放电信号以及潜在的放电类型。

3. 脉冲检测模式

当连续检测模式中有效值或周期峰值的幅值偏大，但频率成分 1 及频率成分 2 较小时，可进入脉冲检测模式。该模式主要用于自由颗粒缺陷的进一步确认。自由颗粒每碰撞壳体一次，就发射一个宽带瞬态声脉冲，它在壳体内来回传播。这种颗粒的声信号是颗粒端部的局部放电和颗粒碰撞壳体的混合信号。脉冲检测模式可记录每次碰撞壳体时的时间和产生的脉冲幅值，并以"飞行图"的形式显示出来。

4. 时域波形检测模式

时域波形检测模式用于对被测信号的原始波形进行诊断分析，以便直观地观察被测信号是否存在异常。

5. 特征指数检测模式

特征指数检测模式用于表征检测到的信号发生的时间间隔，即特征指数。特征指数谱图横坐标为时间间隔，纵坐标为信号发生次数。如信号发生的间隔在 10ms（如悬浮电位放电缺陷），则在整数 1 处出现波峰；如信号发生的间隔在 20ms（如电晕缺陷），则在整数 2 处出现波峰。

第二节　超声波局部放电现场检测

一、超声波局部放电检测基本要求

1. 人员技术要求

GIS 超声波局部放电现场检测是保证电力安全生产的一项带电检测技术，要求从事该项工作的专业技术人员有一定的业务素质。

（1）检测人员应严格执行电力安全工作规程相关规定和要求，严格执行发电厂、变（配）电站巡视的要求。检测至少由两人进行，工作负责人应具备带电检测现场工作经验，熟悉并严格执行保证安全的组织措施、技术措施以及相关安全管理规定。

（2）检测人员应了解 GIS 的结构特点、工作原理、运行状况并具备设备故障分析和诊断的基本技能；应熟悉超声波局部放电检测的基本原理、诊断程序和缺陷定性的方法，了解超声波局部放电检测仪的工作原理、技术参数和性能，掌握超声波局部放电检测仪的操作程序和使用方法；应熟悉标准化作业流程，接受过 GIS 超声波局部放电带电检测的培训，具备现场测试能力。

（3）雷雨、风暴等恶劣天气下应暂停检测工作。

（4）确保操作人员及测试仪器与电力设备的高压部分保持足够的安全距离，完善个人劳动保护用品及防护措施，防止感应电触电伤人。

（5）检测过程中应避开设备防爆口或压力释放口。

（6）测试现场出现较严重的明显异常情况时（如异音、电压波动、系统接地等），应立即停止测试工作并撤离现场。

（7）检测工作结束后，应清理现场并经确认后方可撤离，且工作结束后禁止工作班成员再次返回工作现场。若确需返回工作现场时，应按照运行工况重新履行工作许可手续，并完善保障安全的组织措施、技术措施。

2. 被试设备条件

被测试设备应具备以下四方面条件：

（1）被检测设备是带电运行设备，GIS 气体为额定压力，气体密度继电器、设备操动机构、继电保护装置等应无影响检测安全的遗留缺陷。

（2）检测期间，运行设备无任何操作，在 GIS 上无其他外部作业。

（3）金属外壳应清洁、无覆冰等。

（4）进行室外检测时，应避免雨、雪、雾、露等湿度大于 80%的天气条件对 GIS 外壳表面的影响。

3. 推荐检测周期

对于超声波局部放电检测，推荐按以下周期执行：

（1）在设备投运后或 A 类检修后 1 周内进行一次运行电压下的超声波局部放电检测，记录每一测试点的测试数据作为初始数据，今后运行中测试应与初始数据进行比对。

（2）正常情况下，1000kV 电压等级 GIS 半年 1 次，750kV 及以下电压等级 GIS 一年 1 次。

（3）检测到 GIS 有异常信号但不能完全判定时，可根据 GIS 设备的运行工况，缩短检测周期，增加检测次数，并分析信号的特点和发展趋势，必要时采用 SF_6 气体分解物检测等方法进行综合判别。

（4）必要时，对重要部件（如断路器、隔离开关、母线等）进行重点检测。

（5）对于运行年限超过 15 年以上的 GIS，宜考虑缩短检测周期。

二、超声波局部放电检测步骤

1. 作业现场查勘

检测工作前，应提前查勘作业现场。查勘时，要掌握待测设备基本信息，收集所需图纸资料（包括一次接线图、气体系统图、设备内部结构图等）、运行数据（包括检测时运行方式、负荷电流、后台报警情况等）和历史检测数据，熟悉现场作业环境，严控安全风险隐患，并认真填写查勘记录。

2. 仪器准备

检测前，应做好准备工作，包括以下五个方面：

（1）准备所需检测仪器与安全工器具，安全工器具应满足检测要求，并在校验周期内。

（2）检查仪器完整性，确认仪器能正常工作，保证仪器附件齐全、电量充足，现场交流电源满足仪器使用要求。

（3）检查被试设备是否满足超声波局部放电带电检测要求。

（4）检查现场试验区域是否满足安全要求、环境是否符合检测要求。

（5）查阅搜集被试设备一次系统接线图及内部结构图，了解设备近年缺陷、故障运行状况。

3. 参数设置

记录现场检测环境参数，包括环境温度、湿度；设置检测参数，包括设置变电站名称、检测位置，并做好标注；根据现场噪声水平设定各通道信号检测阈值。

4. 背景噪声测试

背景噪声一般为停电状态下的测试数据，也可在设备运行状态下将仪器调节到最小量程，传感器悬浮于空气中，测量空间背景噪声值并记录。背景噪声仅来自环境、仪器和放大器自身，一般有效值和峰值小而幅值稳定。

5. 测试点选取

对于 GIS，在断路器断口处、隔离开关、接地开关、电流互感器、电压互感器、避雷器、导体连接部件等处均应设置测试点。一般在 GIS 壳体轴线方向每间隔 1m 左右选取一处，测量点尽量选择在隔室侧下方。对于较长的母线气室，可适当放宽检测点的间距；应保持每次测试点的位置一致，以便于进行比较分析。

6. 传感器放置

在传感器与测点部位间应均匀涂抹专用耦合剂并施加适当压力，以尽可能减小检测信号的衰减。测量时传感器应与 GIS 壳体保持相对静止，在精确测量时采用绑定传感器的方式进行。

7. 信号检测

普测时测试时间不少于 15s，如有异常进行精确测量或者定位测量时，测试时间不少于 30s，应进行多次测量并对多组测量数据进行幅值对比和趋势分析。

8. 数据诊断分析

统筹考虑测试数据的突变性、相邻测试点数据是否存在有规律的衰减性、信号传输的时延性、信号的重复性、横向对比结果（对比 A、B、C 三相同样部位的测量结果）等测试信息，确定是否存在放电。

可以根据超声波检测信号的 50Hz 和 100Hz 频率相关性、信号幅值水平以及信号的工频相位关系，进行缺陷类型识别。

利用声声定位、声电定位等方法，根据不同布置位置传感器检测信号的强度变化规律和时延规律来确定缺陷部位，一般先确定缺陷位于哪个仓、再精确定位到高压导体/壳体等部位。

三、超声波局部放电检测注意事项

超声波局部放电检测过程中，应注意以下事项：

（1）检测时应最大限度保持测试周围信号的干净，尽量减少人为制造出的干扰信号，如手机信号、照相机闪光灯信号、照明灯信号等。

（2）检测时应与设备带电部位保持足够的安全距离，并避开设备防爆口或压力释放口。

（3）户外作业如遇雷、雨、雪、雾时，不得进行该项工作；风力大于5级时，不宜进行该项工作。

（4）检测中应将检测信号线完全展开，避免信号线外皮受到剐蹭损伤。检测仪器应置于阴凉干燥区域，防止暴晒、雨淋、水浸、撞击、踩踏等。

（5）传感器与壳体之间涂以超声耦合剂确保紧密接触，涂耦合剂之前宜先清洁壳体表面污秽、杂质，避免接触不良滑落导致传感器损坏。

（6）在测量时，应尽可能保证传感器与壳体相对静止，检测过程中避免传感器位移造成干扰信号。

（7）尽量保持每次测试点的位置一致，以便于进行比较分析。

（8）在检测到异常信号时，应对该间隔每处疑似缺陷位置进行检测并存储相应的数据图谱。为避免故障源是来自GIS壳体环流引起的干扰，应使用独立的接地线使测量仪器在传感器所在区域附近的GIS结构上接地。

（9）测试现场出现明显异常情况（如异常声响、强烈缺陷放电、电压波动、系统接地等）时，应立即停止测试工作并撤离现场。

第三节　超声波局部放电检测异常诊断分析

一、超声波局部放电检测异常类型

1. GIS内部局部放电

GIS内部常见的局部放电包括自由金属颗粒、悬浮屏蔽（电位悬浮）、毛刺（壳体或导体）、绝缘子表面脏污引起的局部放电和绝缘子内存在气隙产生的内部放电。

（1）自由金属颗粒放电。金属颗粒和GIS部件之间的放电。

（2）悬浮电位放电。主要包括松动部件的悬浮电位放电、接触不紧密部件之间的悬浮电位放电、非移动金属颗粒和设备部件之间的放电。

（3）毛刺电晕放电。包括金属部件表面加工毛刺、壳体内部的金属异物引起的放电。

（4）沿面放电。固体绝缘表面金属颗粒对绝缘表面放电，或是因固体绝缘表面脏污、固体绝缘表面其他异物引起的放电。

（5）绝缘件内部气隙放电。绝缘件内部空隙、异物或裂缝等引起的放电。

以上五种局部放电类型中，自由金属颗粒放电、悬浮电位放电和毛刺电晕放电可以通过超声波局放进行灵敏检测。

2. GIS 外部环境干扰

超声波局部放电检测不受电磁干扰，但在测试过程中仍会受到环境中噪声干扰。现场的主要干扰源有以下三种：

（1）环境中噪声，如开放式高压开关场的电晕声、机械轰鸣声、高压室风机等。

（2）传感器固定不稳定产生的位移干扰。

（3）现场人员走动、触碰被测设备产生的噪声信号。

二、超声波局部放电检测异常判断标准

1. 正常判据

根据背景和检测点所测超声波信号的周期峰值、有效值、50Hz 相关性、100Hz 相关性、相位分布以及时域波形的差异，满足表 3－1 的标准即为正常。

表 3－1　　　　　　　　　　超声波局部放电正常的判断标准

判 断 依 据	背 景 值	测 试 值
周期峰值/有效值	M	与 M 值相差无几
50Hz 相关性	无	无
100Hz 相关性	无	无
相位分布	无规律	无规律
时域波形	无异常脉冲	无异常脉冲

2. 明显缺陷判据

超声波局部放电可灵敏地发现悬浮电位放电、毛刺电晕放电、自由金属颗粒缺陷。根据背景和检测点所测超声波信号的周期峰值、有效值、50Hz 相关性、100Hz 相关性、相位分布以及时域波形的差异，可判断不同缺陷的类型，具体见表 3－2。以上缺陷的典型图谱参见附录 B。

表 3－2　　　　　　　　　　超声检测异常图谱特征表

参 数		悬浮电位缺陷	毛刺电晕缺陷	自由颗粒缺陷
连续检测模式	有效值	高	较低	高
	周期峰值	高	较低	高
	50Hz 相关性	低	高	无（弱）
	100Hz 相关性	高	低	无（弱）

参　数	悬浮电位缺陷	毛刺电晕缺陷	自由颗粒缺陷
相位检测模式	有规律，一周波两簇信号，且幅值相当	有规律，一周波一簇信号，或一大信号及一小信号	无规律
时域波形检测模式	有规律，存在周期性脉冲信号	有规律，存在周期性脉冲信号	有一定规律，存在周期不等的脉冲信
脉冲检测模式	无规律	无规律	有规律，三角驼峰形状

3. 疑似缺陷判据

在现场检测过程中，并非所有情况都能很好地采用上述判据进行判断，会遇到一些间歇性信号，或者既不属于正常信号，也无法归为明显缺陷类型的信号，此时即可判断为疑似缺陷。针对此类信号，可能是由于外部干扰造成，也可能内部存在非典型缺陷引起，不能忽视，应缩短检测周期，加强检测，综合各种方法进行判断。

三、超声波局部放电检测异常判断流程

GIS 超声波局部放电异常判断流程图如图 3−4 所示。

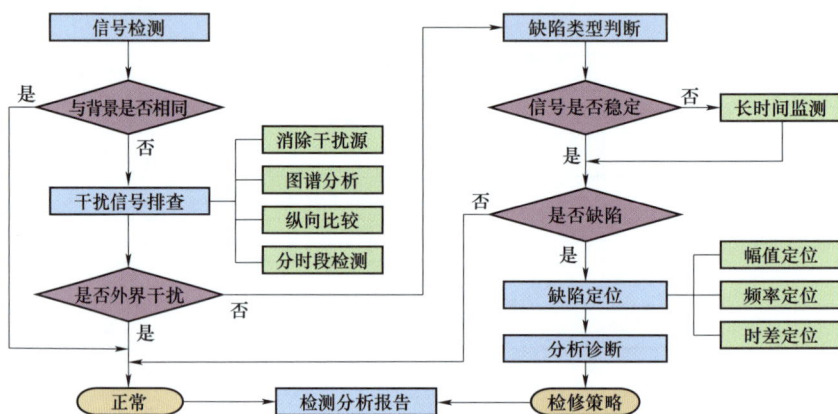

图 3−4　超声波局部放电检测异常判断流程图

（一）信号检测

信号检测前应先检测背景，检测现场空间干扰较小时，将传感器置于空气中测试背景；检测现场空间干扰较大时，将传感器置于待测设备基座上测试背景。在进行信号检测时，检测时间应不少于 15s，注意观察背景和检测点所测超声波信号的周期峰值、有效值、50Hz 相关性、100Hz 相关性、相位分布以及时域波形的差异。根据正常判据进行信号判断，若与背景信号一致，则该点测试正常，测量结束；若与背景信号不一致，则该点测试一次后，需进入干扰排除环节。

（二）干扰排除

检测发现异常时，应首先排除外界声源的干扰，常用的干扰排除方法有消除干扰源、

图谱分析、横向比较和分时段检测等方法。

1. 消除干扰源

检测发现异常时，应首先排除现场的干扰声源。一般来说，现场检测时的干扰声源主要有以下七种：

（1）环境中的机械轰鸣声。

（2）汇控柜中的风扇运转噪声。

（3）GIS 室风机噪声。

（4）GIS 室内电子驱鼠器声响。

（5）传感器固定不稳定产生的位移干扰。

（6）现场人员走动、说话、触碰 GIS 产生的噪声信号。

（7）开关场外部电晕放电声。

针对前 4 类干扰声源，可临时关闭干扰声源后再进行测量；针对第五种和第六种干扰，可在检测时多加注意，避免人为原因造成信号异常。

2. 图谱分析

一般来说，现场干扰引起的大部分异常信号与典型的局部放电信号还是有一定的差异，可以较为方便地进行区分。

对于环境中的机械轰鸣声、GIS 室内电子驱鼠器声响、现场人员走动、说话、触碰 GIS 产生的噪声信号以及开关场外部间断的电晕放电声，其引起的异常信号往往与外界干扰出现的时刻相对应，很容易区分。例如，在现场人员走动的时刻会检测到异常信号，当人员停止走动时，异常信号会消失。

对于汇控柜中的风扇运转噪声、GIS 室风机噪声引起的异常信号还是与典型的局部放电信号存在一定差异，可做区分。但值得注意的是，单从与典型的局部放电信号存在差异即判为外界干扰是不严谨的，还需通过其他方法来综合判断。

另外，对于开关场外部连续的电晕放电声，其引起的异常信号与典型的电晕放电图谱较为类似，通过图谱分析方法无法做出判断。

3. 横向比较

一般来说，若异常信号是由于外界干扰引起的，则在同一间隔的 A、B、C 三相或者相邻间隔的相同部位都会检测到相似的异常信号；而局部放电信号在同一间隔的 A、B、C 三相或者相邻间隔中都检测到的可能性微乎其微。因此，若检测到异常信号，可以对同一间隔的 A、B、C 三相或者相邻间隔的相同部位进行检测，若均检测到异常信号，则可判断为干扰信号。

4. 分时段检测

当无法确定干扰源或者干扰源无法消除时，可以在不同时段进行检测，因为有些干扰源并非一直存在。若在不同时段均检测到异常信号，则可能是局部放电信号，若在不同时段未检测到异常，则可能是干扰信号。例如，当现场某间隔 A 相出线套管处有连续电晕放电声响时，超声波检测 A 相近套管处异常，而 B、C 相近套管处无异常，通过图谱分析也无法准确判断 A 相是否存在局部放电信号，这时在外部电晕放电程度不同的时段（早、中、晚）对其进行检测，若发现异常信号随电晕放电程度同步变化，则可判断为干扰。

（三）缺陷判断

当排除外部干扰后，需观察超声信号特征进行判断。

若信号连续，按照常规流程进行诊断。典型的自由颗粒缺陷在连续模式中表现为峰值/有效值较背景值大且波动，50/100Hz 分量无或者较弱，脉冲检测模式中表现为"三角驼峰"特征。毛刺电晕放电缺陷在连续模式中表现为峰值/有效值较背景值大且稳定，有 50Hz 分量，或者 50Hz 分量比 100Hz 分量大，相位检测模式中表现为"单簇"特征。悬浮放电缺陷在连续模式中表现为峰值/有效值较背景值大且稳定，有 100Hz 分量，或者 100Hz 分量比 50Hz 分量大，相位检测模式中表现为"双簇"特征。

若信号具有无规律间歇性特征，则需进行长时间监测，积累足够的放电特征后再对照典型图谱进行判断。

（四）常见异常图谱

常见超声波局部放电检测异常图谱参见附录 B。

（五）缺陷定位

缺陷定位是指根据不同位置传感器检测信号的强度变化规律和时延规律来确定缺陷部位，一般先确定缺陷位于哪个仓、再精确定位到高压导体/壳体等部位。常见的定位方法有幅值定位、频率定位和时差定位三种。

1. 幅值定位

幅值定位是根据超声波信号的衰减特性，利用峰值或者有效值的大小定位，一般离信号源越近，信号越大；根据被测物的形状合理安排超声波传感器的测试位置，通过多次改变测试位置，以求得到峰值或有效值最大点的位置，从而实现对该信号源定位的目的。

第一步，当检测到异常信号时，首先在异常间隔相的其他气室均布点进行检测，找到幅值最大的检测点，此点所在气室就是缺陷气室。

第二步，在缺陷气室的轴向上，按照一定间距布置检测点，找到轴向上的幅值最大点。

第三步，在轴向幅值最大点圆周面上，按照一定间距布置检测点，如果圆周面上所有点幅值差不多，则故障点在中心导体上；如果圆周面上所有点幅值有差别，则幅值最大点处的 GIS 筒壁即为故障点。

2. 频率定位

频率定位技术是利用六氟化硫气体对超声波信号中高频信号的吸收作用，通过分析超声波信号的高频部分（50～100kHz）的比例来区分缺陷位于中心导体上还是外壳上。如果在测试过程中将上限频率从100kHz减小到50kHz，信号水平有明显减小，则说明高频信号没有收到气体衰减，说明信号源在壳体上；反之，如果信号水平没有明显减少，说明信号源在中心导体。

3. 时差定位

时差定位法的基本思路是距离放电源最近的传感器检测到的时域信号最超前。具体的时差定位适用于采用高速数字示波器的带电检测装置，定位方法基本原理如图 3−5 所示。

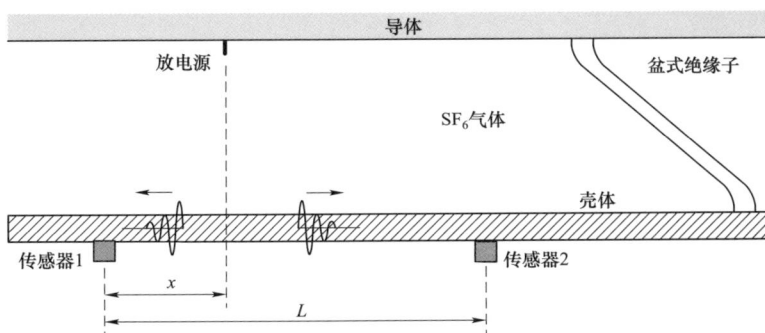

图 3−5　利用时差定位法判断 GIS 局部放电源位置原理示意图

将传感器分别放置在 GIS 两个相邻的测点位置，根据放电检测信号的时差，利用公式（3−1）即可计算得到局部放电源的位置。

$$x=\frac{1}{2}(L-c \cdot \Delta t) \qquad (3-1)$$

式中　x——放电源距离左侧传感器的距离，m；

$\quad\ c$——电磁波传播速度，m/s；

$\quad\ \Delta t$——两个传感器检测到的时域信号波头间的时差，s。

在实际应用中，可采用幅值方法初步定位，随后根据现场需要决定是否需要进一步精确定位。

（六）分析诊断

在完成缺陷类型的判断、缺陷位置的定位后，还应结合被测 GIS 的内部结构来分析导致缺陷出现的原因，从而为检修决策的制定以及检修工作的开展提供依据。

（七）检修策略

检修策略的制定要依据放电类型的不同，检测幅值的大小以及放电部位的不同来综合考虑。

1. 毛刺电晕放电

毛刺一般在壳体上，但导体上的毛刺危害更大。只要信号高于背景值，都是有害的，应根据工况酌情处理。根据目前的经验：

（1）如果毛刺放电发生在母线壳体上，V_{peak}（信号的峰值）$<2mV$，可继续运行。

（2）如果毛刺放电发生在导体上，$V_{peak}>2mV$，建议停电处理或密切监测。

对于不同的电压等级，如 126kV 和 252kV，可参照上述标准执行。对于 363kV 和 550kV 及以上 GIS，由于母线筒直径大，信号衰减较大，因此标准应视运行状况有所提高。

对于断路器气室，由于内部结构更复杂，绝缘间距相对短，应更严格要求。

在耐压过程中发现毛刺放电现象，即便低于标准值，也应进行处理。

2. 自由颗粒放电

对于运行中的 GIS，根据颗粒信号的幅值：V_{noise}（背景噪声）$<V_{peak}<50mV$ 可不进行处理，$V_{peak}>200mV$ 应进行检查。

3. 悬浮电位放电

悬浮电位放电一般发生在断路器气室的屏蔽松动，TV/TA 气室绝缘支撑松动或偏移，母线气室绝缘支撑松动或偏离，气室连接部位接插件偏离或螺栓松动等。GIS 内部只要形成了电位悬浮，就是危险的，应加强监测，有条件就应及时处理。

对于 126kV GIS，如果 100Hz 信号幅值远大于 50Hz 信号幅值，且 $V_{peak}>10mV$，应缩短检测周期并密切监测其增长量，如果 $V_{peak}>20mV$，应停电处理。对于 363kV 和 550kV 及以上 GIS，应提高标准。

另外，在超声波局部放电带电检测中，如果检测到放电信号，同时定位结果位于开关类设备的重要部件，如断路器、电压互感器、电流互感器、隔离开关、盆式绝缘子等处，则应尽快安排停电检修。如果放电源位于非关键部位，则应缩短检测周期，关注放电信号的强度和放电模式的变化。

对存在异常的开关类设备，在该异常不能完全判定时，可根据开关类设备的运行工况，缩短检测周期，并参考设备的原始数据、出厂交接、日常巡视情况、历次停电试验情况、历次带电测试情况、缺陷记录、运行情况、设备的应用场所重要性后，才能制定相应的处理意见，如关注、预警、停电检修、更换设备等。

（八）异常判断注意事项

（1）测试时应涂抹足量的超声耦合剂，使传感器能够很好的耦合到超声信号。

（2）注意检查仪器状态良好，测试前应检查设备工作是否正常，特别是电池的电量是否充足，应避免出现到了测试现场后才发现测试设备有问题而影响测试工作。

（3）超声波局部放电检测，不受电磁干扰，但应在测试过程中注意采取减少环境中噪声的措施，如关闭高压室风机等。并在测试过程中保持传感器静止不受振动影响。

（4）检测时宜使用传感器固定装置，避免操作者的人为因素的影响。

（5）测试信号有异常时应该检查被测设备四周是否有引起信号增大的其他设备，如电表屏、空调、风机等，必要时可以关闭四周能够临时断电的设备以排除干扰。

（6）带电局部放电检测中缺陷的判定应排除干扰，综合考虑信号的幅值、大小、波形等因素，确定是否具备局部放电特征。

（7）对于检测过程中 GIS 偶尔出现的异常声响，可能是由于内部松动、设备动静触头对应不正或设备运行引起振动等因素造成，因此不应盲目认为 GIS 内部出现明显放电，而应改变超声波信号检测频段，并加以设备的振动分析和特高频检测等其他检测手段进行综合分析。

（8）在工作状态下，电压互感器和电流互感器的内置绕组和铁心会产生周期性的交变电磁场，由此可能产生特有的超声波信号。所以应对电压互感器气室和电流互感器气室进行特殊分析。该特有的超声波信号一般具有强的单倍频和多倍频信号规律性，波形具有典型对称性特征。

第四节　数据记录与检测报告

超声波局部放电检测过程中，应详细记录检测环境条件（包括环境温度、相对湿度等）、被测设备信息（包括被测设备运行双重名称、被测设备铭牌资料、运行负荷大小等）、检测仪器信息（包括检测仪器名称、检测仪器型号等）、检测日期、检测人员、检测背景干扰源信息、原始检测数据（包括每个测试位置所对应的检测数值及每种检测模式下的图谱编号、检测异常情况等）。

检测完毕后，根据检测情况出具检测报告，检测报告应能够准确、全面反映当次检测的对象、条件、方法、仪器和检测的结果。对于存在异常的疑似缺陷设备应进行复测并出具异常分析报告。必要时，可结合其他多种带电检测手段，对检测数据进行全方位综合分析。

原始数据记录、检测报告、异常分析报告应归类存档，以便纵向比较分析，判断设备状态参量发展趋势。

第 四 章

红外热成像检测

第一节　红外热成像检测原理

一、红外热辐射

电力设备在正常工作时，由于受电压、电流作用，会产生发热现象。正常范围内的发热对设备运行没有什么危害，也不至于影响设备寿命，对于某些设备来说反倒需要一定的温度以防止绝缘介质冷凝劣化。

当发热现象加剧，温度超过设备运行允许值或影响绝缘材料耐热性能时，须引起重视，进行综合诊断分析。带电设备出现热故障时，往往以故障点为中心形成集中性热场，并向外辐射能量。

物体的辐射能力表述为辐射率（记为 ε），是描述物体辐射本领的参数。物体自身辐射量取决于物体自身的温度以及它的表面辐射率。表面材料、温度、光滑度、颜色等不同的物体，其表面辐射率不同；温度一样的物体，高辐射率的物体辐射要比低辐射率的多。

根据斯蒂芬—玻尔兹曼（Stefan – Boltzmann）能量辐射定律，发热物体的辐射能量与物体表面的绝对温度的四次方成正比，与物体表面的热辐射率成正比。辐射能量对温度的关系为

$$W = \varepsilon \delta A T^4 \tag{4-1}$$

式中　W——发热体辐射的能量；

ε——发热体的热辐射率；

δ——玻尔兹曼常数，$5.669\,7 \times 10^{-8}\,W/(m^2 \cdot K^4)$；

A——发热体的表面积，cm^2；

T——发热体的绝对温度，K。

实际检测中，由于辐射率对测温影响很大，因此必须选择正确的辐射系数，否则测量结果将产生较大误差。

二、红外热成像检测仪

红外热成像检测仪能够将不可见的红外辐射转换成可见的图像信息。物体的红外辐射经过镜头聚焦到探测器上，探测器将产生电信号，电信号经放大并数字化到电子处理部分，再转换成能在显示器上看到的红外图谱。

1. 基本性能指标

（1）通光孔径。通光孔径是红外热成像检测仪接受红外辐射的光学系统的入瞳直径。

（2）相对孔径。相对孔径是光学系统的通光孔径与其焦距的比值，热像平面辐照度与相对孔径的平方成正比。

（3）噪声。在探测器没有目标辐射入射时，取一个相当长的时间内输出信号的均方根值来代表其噪声。

（4）信噪比。在电路的同一阻抗上测量信号和噪声电压，取其均方根值之比的平方为信噪比。

（5）噪声等效温差（Noise-equivalent Temperature Difference，NETD）。红外热成像检测仪所观测的特定的黑体目标的信噪比为 1 时黑体目标与背景的温差，是衡量热像仪温度灵敏度的一个客观指标。

（6）最小可分辨率（Minimum Resolvable Temperature Difference，MRTD）。被检测的红外热成像检测仪对准特定的标准测试图形时，观察者刚好分辨出，目标与背景之间的最小温差。该指标既反映了热像仪的温度灵敏度，也反映了其空间分辨率，还包括了观察者眼睛的特性，被广泛用作综合评价热像仪的指标。

（7）最小可探测温差（Minimum Detectable Temperature Difference，MDTD）。其定义和 MRTD 相似，仅将被观察的图形变更为点状目标，是评价红外热成像检测仪对点状目标的探测能力的一个指标。

2. 技术参数

（1）视场（Field of View，FOV）。光学系统视场角的简称，是待测目标能在红外热成像检测仪中成像的空间最大张角，一般是矩形视场，取决于光学系统的焦距。

（2）瞬时视场（Instantaneous Field of View，IFOV）。由单元探测器光敏面尺寸及光学系统焦距共同决定的视场角。瞬时视场是一行行地扫描整个视场，其大小也反映红外热成像检测仪空间分辨率的高低，故有时也称其为空间分辨率，单位为毫弧度（mrad）。

（3）温度灵敏度（温度分辨率）。以 30℃时的噪声等效温差来表示。

（4）扫描速度。光机扫描红外热成像检测仪的重要参数，用行帧、帧频、帧速和帧时等表示。帧时是红外热成像检测仪每秒产生完整画面的数目，单位为帧/s。帧时代表扫完一帧画面所需的时间，即从视场的左上角第一点开始扫描，扫完整个视场各点后，再从其右下角最后一点回到起始点所需的时间，是帧速的倒数。

（5）红外探测器的性能。包括探测器的类型、制冷方式、光谱响应范围。最新型的焦平面热像仪采用的是线性循环微型制冷器，制冷剂为液氦气。

（6）温度测量功能。温度测量功能包括温度测量范围、测温的准确度、发射率的修正、滤片的配备、背景温度修正、大气透过率修正、光学透过率的修正、温度单位的设定等。

（7）显示功能。显示功能包括黑白图像、彩色图像、彩色样板种类、测量点温、最高点温保留、等温区、两点温差、水平温度曲线、图像反相、图像回放、量程转换、自动温度显示范围、自动温度测量量程、显示方式等。

（8）记录存储方式与信号输出功能。近年来开始使用大容量小体积的内存卡记录存储。信号输出的外接口一般有视频输出、数字化视频输出和 RS-232 串行接口、打印机接口等。

（9）对工作环境及电源的要求。对工作环境的要求包括环境的温度、湿度，储存环境的温度、湿度，是否抗电磁干扰、抗冲击和抗振动。对电源的要求包括交、直流两种，整机的功耗，电池的连续工作时间、类型、大小、重量、备用情况等。

（10）仪器的尺寸与重量。包括主机和镜头的尺寸与重量。

3. 仪器选用

在选择仪器的性能参数时，要注意各参数之间的关联性。例如，提高温度分辨率要求给探测器有足够的响应时间，即要求降低行频和帧速，因而会降低空间分辨率。而空间分辨率的改进又涉及探测器光敏面大小及光学系统的焦距，且要求加大信号处理系统的带宽，这就会导致噪声加大、技术难度加大，还要受扫描速度的限制。若通过减小帧速来提高空间分辨率，则会受人眼视觉特性的限制。若要使图像有连续感，则帧速要提高，帧速越高，热像越清晰易辨。

红外热成像检测仪要求图像清晰稳定、有较高的准确度、合适的测温范围和好的抗干扰能力，有必要的图像分析功能和较高的温度分辨率，尤其是空间的分辨率要满足实测距离的要求，否则测温结果将不够准确。测距对测量准确度的影响可从两方面分析：一方面测距加大会使大气透过率减小；另一方面测距增加会使红外热成像检测仪的瞬时视场角的视场面积随之加大，目标尺寸相对于瞬时视场面积的倍数必然要减少，当待测目标的检测面积小于 5 倍瞬时视场时，测温结果的输出信号将会降低，从而产生测温误差。当使用红外热成像检测仪时，若测量准确度要求较高，其测距就不能随意加大，在允许情况下测距近一些为好。

三、红外热成像检测技术在热故障检测中的应用

传统的检测设备热故障主要有停电检测和带电检查两种方法。停电检测比较简单，通过测量绕组直流电阻或导电主回路的回路电阻，判断接头接触是否良好、接触面是否

氧化松动、导线截面是否符合设计要求等。带电检测则可以在户外设备发热处贴示温蜡片，根据示温蜡片颜色变化判断发热情况（实现已知示温蜡片颜色变化的温度），或者在设备运行时用绑有石蜡的绝缘杆将石蜡和发热点相接触，根据石蜡是否熔化来判断热故障（一旦石蜡熔化，温度已达危险值）。部分设备的内部热故障可以采用埋测温元件方法测量，如发电机定子绕组、铁芯温度的测量就是埋设测温元件，变压器上层油温测量则采用温度计。

20 世纪 70 年代，电力系统推广远红外测温技术。开始时主要检测裸露的接头发热，效果十分显著，发现大量过热点，经及时处理防止很多事故发生。后期又开始深入研究和实践高压设备内部热故障的传热、表面热场分布，并进行模拟试验研究和大量现场检测统计分析，逐渐掌握各种高压设备内部热故障的热场分布规律和设备外表面红外热成像特征。

由于红外热成像技术测温具有非接触、不停电、安全、准确、使用方便、可实时观测等优点，在电力系统中已逐步推广应用。

1. 专用名词

红外热成像技术测温有专用名词，个别专用名词和一般技术虽然名称相同，但含义有所区别。

（1）辐射率。物体的辐射能力表述为辐射率，是描述物体辐射本领的参数。物体自身辐射量取决于物体自身的温度以及它的表面辐射率。表面材料、温度、表面光滑度、颜色等不同的物体，其表面辐射率不同。温度一样的物体，高辐射率物体的辐射要比低辐射率的物体的辐射要多。

在实际检测中，由于辐射率对测温影响很大，因此必须选择正确的辐射系数，常用材料辐射率的参考值见附录 C 所列。尤其需要精确测量目标物体的真实温度时，必须了解物体的辐射率范围，否则测出的温度与物体的实际温度将有较大的误差。

（2）温升。一般技术温升指设备温度与环境温度之差，但在红外测温技术中温升指被测设备表面温度与环境温度参照体表面温度之差。环境温度参照体是用来采集环境温度的物体，它不一定具有当时的真实环境温度，但具有被检测设备相似的物理属性，并与被检测设备处于相似的环境之中。

（3）相对温差。相对温差是两个对应测点之间的温差与其中较热电的温升之间的百分数。相对温差可以通过式（4-2）求出

$$\delta_1 = \frac{\tau_1 - \tau_2}{\tau_1} \times 100\% = \frac{T_1 - T_2}{T_1 - T_0} \times 100\% \qquad (4-2)$$

式中　δ_1——相对温差；

　τ_1 和 T_1——发热点的温升和温度；

　τ_2 和 T_2——正常相对应点的温升和温度；

T_0——环境温度参照体的温度。

（4）环境参照体。用来采集环境温度的物体叫环境温度参照体。它不一定具有当时的真实环境温度，但具有与被测物相似的物理属性，并与被测物处于相似的环境之中。

（5）电压致热型设备。由于电压效应引起发热的设备。

（6）电流致热型设备。由于电流效应引起发热的设备。

（7）综合致热型设备。既有电压效应，又有电流效应，或者由于电磁效应引起发热的设备。

（8）一般检测。适用于用红外热成像检测仪对电气设备进行大面积检测。

（9）精确检测。主要用于检测电压致热型和部分电流致热型设备的内部缺陷，以便对设备的故障进行精确判断。

2. 缺陷判断方法

对不同类型的设备采用相应的判断方法和判断依据，并由热像特点进一步分析设备的缺陷特征，判断出设备的缺陷类型。

（1）表面温度判断法。主要适用于电流致热型和电磁效应引起发热的设备。根据测得的设备表面温度值，对照 GB/T 11022—2011《高压开关设备和控制设备标准的共用技术要求》中高压开关设备和控制设备各种部件、材料及绝缘介质的温度和温升极限的有关规定，结合环境气候条件、负荷大小进行分析判断。

（2）同类比较判断法。根据同组三相设备、同相设备之间及同类设备之间对应部位的温差进行比较分析。对于电压致热型设备，应结合图像特征判断法进行判断，对于电流致热型设备，应结合相对温差进行判断。

（3）图像特征判断法。主要适用于电压致热型设备。根据同类设备的正常状态和异常状态的热像图，判断设备是否正常，注意应尽量排除各种干扰因素对图像的影响，必要时结合电气试验或化学分析的结果，进行综合判断。

（4）相对温差判断法。主要适用于电流致热型设备。特别是对小负荷电流致热型设备，采用相对温差判断法可降低小负荷缺陷的漏判率。

（5）档案分析判断法。分析同一设备不同时期的温度场分布，找出设备致热参数的变化，判断其是否正常。

（6）实时分析判断法。在一段时间内使用红外热成像检测仪连续检测某被测设备，观察设备温度随负荷、时间等因素变化的方法。

3. 缺陷类型的确定及处理方法

红外检测发现的设备过热缺陷应纳入设备缺陷管理制度的范围，按照设备缺陷管理流程进行处理。根据过热缺陷对电气设备运行的影响程度可分为以下三类：

（1）一般缺陷。指设备存在过热、有一定温差、温度场有一定梯度，但不会引起事故的缺陷。这类缺陷一般要求记录在案，注意观察其缺陷的发展，有计划地安排检修消除缺陷。当发热点温升值小于 15K 时，不宜根据热点温度和相对温差来确定缺陷性质。对于负荷率较小、温升小但相对温差大的设备，如果负荷有条件或机会改变时，可在增大负荷电流后进行复测，以确定设备缺陷的性质，当无法改变时，可暂定为一般缺陷，加强监视。

（2）严重缺陷。指设备存在过热、程度较重、温度场分布梯度较大、温差较大的缺陷，这类缺陷应尽快安排处理。对电流致热型设备，应采取必要的措施，如加强检测等，必要时降低负荷电流；对电压致热型设备，应加强监测并安排其他测试手段，缺陷性质确认后，立即采取措施消缺。

（3）危急缺陷。指设备最高温度超过 GB/T 11022—2011《高压开关设备和控制设备标准的共用技术要求》规定的最高允许温度的缺陷，这类缺陷应立即安排处理。对电流致热型设备，应立即降低负荷电流或立即消缺；对电压致热型设备，当缺陷明显时，应立即消缺或退出运行，如有必要，可安排其他试验手段，进一步确定缺陷性质。

电压致热型设备的缺陷一般定为严重及以上缺陷。

四、运行设备发热机理

对于电网设备，其发热故障大体可分为外部故障与内部故障两大类。

外部故障是指裸露在设备外部各部位发生的故障，如长期暴露在大气环境中工作的裸露电气接头接触不良、设备表面污秽及金属封装外壳涡流过热等。从设备的热像图谱中可以直观地判断是否存在热故障，根据温度分布和集中性热点位置确定故障的部位与严重程度。

内部故障是指封闭在固体绝缘、气体绝缘及设备壳体内部的各种故障。由于这类故障部位受到绝缘介质或设备壳体的阻挡，通常难以像外部故障那样直接获取直观的信息。根据设备内部结构与运行工况，分析传导、对流和辐射三种热交换形式沿不同传热途径的规律（多数情况下只考虑金属导电回路、绝缘油和气体介质等引起的传导和对流），并结合模拟试验、大量现场检测实例和解体验证，也能获取设备内部故障在外部表现出来的热像特征和温度信息，从而对设备内部故障的性质、部位及严重程度做出判断。

GIS 设备故障发热的机理，大致可分为以下三类。

1. 导电回路接触不良

设备导电回路中的金属连接部分由于紧固件松动、接触面氧化、外力牵引形变、压接螺栓不符合通流要求等原因，导致接触电阻 R_j 增大，从而产生焦耳热损耗，发热功率 P_r 由式（4-3）求解

$$P_r = K_f I^2 R_j \qquad (4-3)$$

式中，K_f 为附加损耗系数，表明在交流电路中计及集肤效应和邻近效应时使接触电阻增

大的系数。当导体的直径、导电系数和导磁率越大，通过的电流频率越高时，集肤效应和邻近效应越明显，附加损耗系数值也越大。对于大截面积母线、多股绞线或空心导体，通常认为附加损耗系数为1，其影响可忽略不计。

此类属于典型的电流致热型发热。

2. 绝缘介质损耗增大

绝缘电介质材料在交变电压作用下引起的能量损耗（一种是电导引起的损耗，另一种是由极性电介质中偶极子的周期性转向极化与夹层界面极化引起的损耗）通常称为介质损耗，由此产生的发热功率 P_c 由式（4-4）求解

$$P_c = \omega C U^2 \tan \delta \qquad (4-4)$$

绝缘电介质在正常状态下也会有介质损耗，当其性能劣化时，会引起介质损耗增大，导致设备运行温度升高。

由于绝缘电介质损耗发热与所施加的工作电压平方成正比，而与负荷电流大小无关，称为电压致热型发热。

3. 铁磁损耗增大

对于由绕组或磁回路组成的设备，如果由于结构设计不合理、运行不正常，或者由于铁心材质不良，铁心片间受损，出线局部或多点短路，可分别引起回路磁滞或磁饱和或在铁心片间短路处产生短路电流，增大铁损并导致局部过热。另外，对于内部带铁心绕组的设备若出现漏磁，还会在铁制箱体产生涡流发热。由于交变磁场的作用，设备内部或载流导体附近的非磁性导电材料制成的零部件有时也会产生涡流损耗，使薄弱部位温度升高。

4. 局部放电

局部放电伴随着光、热、电、声等现象的发生。通常情况下，局部放电的热效应并不明显，难以通过红外热像设备检测到。但是，一旦检测到疑似局部放电信号产生的发热现象时，局部放电程度已经发展到相当严重的程度，应当引起足够重视，人员迅速撤离现场并立即安排停电处理。

第二节　红外热成像现场检测

一、红外热成像检测基本要求

1. 检测环境要求

进行一般检测时，要求环境温度一般不低于5℃，相对湿度一般不大于80%；天气

以阴天、多云为宜，夜间图像质量为佳；不应在雷、雨、雾、雪等气象条件下进行，检测时风速一般不大于 5m/s（无风速仪条件下，可通过比对附录 D 所列关系判断风速大小）；户外晴天要避开阳光直接照射或反射进入仪器镜头，在室内或晚上检测应避开灯光的直射，宜闭灯检测。

进行精确检测时，除满足一般检测的环境要求外，风速一般不大于 0.5m/s；设备通电运行时间不小于 6h，最好在 24h 以上；检测期间天气为阴天、夜间或晴天日落 2h 后；被检测设备周围应具有均衡的背景辐射，应尽量避开附近热辐射源的干扰，某些设备被检测时还应避开人体热源等的红外辐射；避开强电磁场，防止强电磁场影响红外热成像检测仪的正常工作。

2. 人员技术要求

检测人员应熟悉红外诊断技术的基本原理和诊断程序，了解红外热成像检测仪的工作原理、技术参数和性能，掌握红外热成像检测仪的操作程序和使用方法；了解被检测设备的结构特点、工作原理、运行状况和导致设备故障的基本因素；熟悉红外热像检测相关标准，接受过红外热像检测技术培训；具有一定的现场工作经验，熟悉并能严格遵守电力生产和工作现场的有关安全管理规定。

3. 被试设备要求

（1）被检设备是带电运行设备。

（2）应尽量避开视线中的封闭遮挡物，如门和盖板等。

（3）精确测温时，被试设备连续通电时间不小于 6h，最好在 24h 以上。

（4）被试设备上应无其他外部作业。

（5）检测电流致热型设备，最好在高峰负荷下进行；否则，一般应在不低于 30% 的额定负荷下进行，同时应充分考虑小负荷电流对测试结果的影响。

4. 推荐检测周期

对于红外热像检测，推荐按以下周期执行：

（1）在设备投运后或 A 类检修后 1 周内进行一次运行电压下的红外热像检测，记录每一设备重要位置的测试数据作为初始数据，今后运行中测试应与初始数据进行比对，检测时应记录环境和负荷条件。

（2）正常情况下，各运行单位按照实际情况安排检测周期。

（3）建议在迎峰度夏（冬）、大负荷、检修结束送电期间增加检测频次。

（4）检测到异常发热时，可根据设备运行工况，缩短检测周期，增加检测次数，并分析信号的特点和发展趋势。

（5）必要时，对重要部件进行重点专项检测。

（6）对于运行年限超过 15 年以上的 GIS，宜考虑缩短检测周期。

1. 准备工作

（1）查阅技术数据，包括设备一次接线图、设备内部结构图、历史检测数据、设备运行负荷、设备缺陷记录、设备后台报警情况、设备家族缺陷等。

（2）记录环境参数，包括环境温度、相对湿度、风速、天气状况。

（3）记录检测仪器名称、型号、生产厂家、出厂编号，确认仪器电量充足、存储卡准备就绪。

（4）记录被测设备双重名称、型号、生产厂家。

（5）精确测温时，检查现场被测设备是否满足运行时间不小于 6h，最好为 24h 以上。

（6）现场安全措施状况检查，确认现场无任何操作。

（7）明确检测方案，清楚检测流程。

（8）原始数据记录表准备就绪。

（9）按相关安全生产管理规定办理工作许可手续。

2. 红外热成像检测仪的使用方法

正确操作红外热成像检测仪对红外图谱质量、设备缺陷发现甚至故障分析都至关重要，应避免现场使用上的任何操作失误。

（1）调整焦距。红外图谱存储后可以对图像曲线进行调整，但是无法在图像存储后改变焦距。当聚焦被测设备时，调节焦距至被测对象的图像边缘非常清晰且轮廓分明，以确保温度测量精度，不宜使用数字变焦功能进行聚焦。

（2）选择测温范围。了解现场被测目标的温度范围，设置正确的温度挡位，当观察目标时，对仪器的温标跨度进行微调，得到最佳的红外热成像图谱质量。

（3）调节电平值和温宽范围。温宽是指使用时的温度范围内的一段，可以认为它就是"热对比度"，温宽范围越宽则图谱的对比度越差；反之越好。电平值是温宽的中间值，可以认为它是"热亮度"，调的越高则图像越暗，调低则图像变亮。在所选择的温度范围内，调节出合适的电平值和温宽范围能优化图谱质量，并能提高图谱的对比度。一般来说，红外热成像检测仪都有自动调节电平值和温宽范围的功能，能方便快速地获取较为清晰的图谱，但往往手动调节更能获得想看到的具体目标细节。

（4）调色板的选择。调色板是将热像图谱中的温度信息以不同的颜色表现出来，不要喜欢某种色板就一直使用，应尝试在各种不同颜色情况下更换调色板，可能会有意想不到的效果。

（5）设置测量距离。对于非制冷微热量型焦平面探测器，如果仪器距离目标过远，目标将会很小，测温结果将无法正确反映目标设备的温度，因为红外热成像检测仪此时测量的温度为目标物体和周围环境温度的平均值。为了得到最精确的测量读数，应尽量缩短测温距离，使目标物体尽量充满仪器的视场，并合理设置红外热成像检测仪的距离参数。

（6）设置辐射率。需要进行精确温度测量时，应合理设置被测目标的辐射率，还应考虑环境温度、湿度、风速、风向、热反射源等因素对测温结果的影响，并做好记录。

（7）保证仪器拍摄平稳。为了保证更好的拍摄效果，在冻结和记录图谱的时候，应尽可能保持仪器平稳，即使轻微的仪器晃动，也可能会导致图谱不清晰。当按下存储按钮时，应轻缓和平滑。

（8）避免环境的反射。环境的反射有周围点源目标的反射和周围背景的反射两种情形，反射主要是由被测目标表面辐射率较低所致。目标真实的温度分布是渐变的，而反射的温度分布则不同，调整观察角度时若发热部分随之移动则可判断为环境反射的干扰。

3. 一般检测

（1）仪器在开机后需进行内部温度校准，待图像稳定后即可开始工作。

（2）一般先远距离对所有被测设备进行全面扫描，发现有异常后，再有针对性地近距离对异常部位和重点被测设备进行准确检测。

（3）仪器的色标温度量程宜设置在环境温度加 $10 \sim 20K$ 的温升范围。

（4）作为一般检测，被测设备的辐射率一般取 0.9 左右。

（5）开始测温时，先远距离对所有被测设备进行全面扫描，发现有异常后，再有针对性地近距离对异常部位和重点被测设备进行精确检测。宜选择彩色显示方式，调节图像使其具有清晰的温度层次显示，并结合数值测温手段，如热点跟踪、区域温度跟踪等手段进行检测。

（6）应充分利用仪器的有关功能，如图像平均、自动跟踪等，以达到最佳检测效果。

（7）环境温度发生较大变化时，应对仪器重新进行内部温度校准，校准方法按仪器的说明书进行。

4. 精确检测

（1）检测温升所用的环境温度参照体应尽可能选择与被测设备类似的物体，且最好能在同一方向或同一视场中选择。

（2）在安全距离允许的条件下，红外仪器宜尽量靠近被测设备，使被测设备（或目标）尽量充满整个仪器的视场，以提高仪器对被测设备表面细节的分辨能力及测温准确度，必要时，可使用中、长焦距镜头。线路远距离检测一般需使用中、长焦距镜头。

（3）为了准确测温或方便跟踪，应事先设定几个不同的方向和角度，确定最佳检测位置，并可做上标记，以供今后的复测用，提高互比性和工作效率。

（4）正确选择被测设备的辐射率，特别要考虑金属材料表面氧化对选取辐射率的影响。

（5）将大气温度、相对湿度、测量距离等补偿参数输入，进行必要修正，并选择适当的测温范围。

（6）记录被检设备的实际负荷电流、额定电流、运行电压，被检物体温度及环境参照体的温度值。

5．检测验收

（1）检查检测数据是否准确、完整。

（2）恢复设备到检测前状态。

（3）发现检测数据异常及时上报相关运维管理单位。

三、红外热成像检测注意事项

（1）应严格执行电力安全工作规程相关规定和要求。

（2）应严格执行发电厂、变（配）电站巡视的要求。

（3）检测至少由两人进行，并严格执行保证安全的组织措施和技术措施。

（4）应在良好的天气下进行，如遇雷、雨、雪、雾不得进行该项工作，风力大于5m/s时，不宜进行该项工作。

（5）确保操作人员及测试仪器与电力设备的高压部分保持足够的安全距离。

（6）进行检测时，要防止误碰、误动设备。

（7）行走中注意脚下，防止踩踏设备管道。

（8）户外晴天要避开阳光直接照射或反射进入仪器镜头，在室内或晚上检测应避开灯光的直射，宜闭灯检测。

（9）红外热成像检测仪使用完毕后，应将电池取出。

第三节　红外热成像检测异常诊断分析

红外热成像检测异常分析时，应充分考虑被测设备各种部件、材料和绝缘介质的温度和温升极限，判断发热缺陷是否对设备正常运行构成威胁，并制定相应检修策略。各种部件、材料和绝缘介质的温度和温升极限数据详见附录 E。

1．电流致热型设备的判断依据

电流致热型设备缺陷通常表现为回路电阻增大，较常见的是压接螺栓松动、接触面氧化、设备通流能力不能满足要求等，对于隔离开关类设备多是由刀口位置夹紧力不足所引起。

电流致热型设备的判断依据详见附录 F。

2. 电压致热型设备的判断依据

电压致热型设备缺陷通常表现为介质损耗和电容量偏大、铁芯损耗增加、匝间短路、绝缘受潮老化、绝缘油路堵塞或缺油、气路堵塞、出现局部放电等现象；部分设备也有可能是因表面污秽引起。

电压致热型设备红外热像图谱呈现整体或局部发热，发热区域表现为整体或带状、环状、块状等，热点不集中，温升不明显。

电压致热型设备的判断依据详见附录 G。

3. 综合致热型设备的判断

当缺陷是由两种或两种以上因素引起的，应结合缺陷现象及红外热像图谱特征进行综合判断，确定其缺陷性质。尤其应注意的是，防止发现电流致热型缺陷后，忽略电压致热型缺陷，对于大部分设备而言，电压致热型缺陷更加不易于被发现，且更容易产生设备损坏甚至爆炸、烧毁等严重事故。

对于磁场和漏磁引起的过热可依据电流致热型设备的判据进行处理。

第四节　数据记录与检测报告

红外热成像检测过程中，应详细记录检测环境条件（包括环境温度、相对湿度、参照体温度、环境风速等）、被测设备信息（包括被测设备所在变电站及电压等级、被测设备运行双重名称、被测设备铭牌资料、运行负荷大小、检测异常设备疑似缺陷位置的可见光照片等）、检测仪器信息（包括检测仪器名称、检测仪器型号、图谱存储卡编号等）、检测日期、检测人员、原始检测数据（包括每个测试位置所对应的图谱编号、检测异常情况等）。

检测完毕后，根据检测情况出具检测报告，检测报告应能够准确、全面反映当次检测的对象、条件、方法、仪器和检测的结果。对于存在异常的疑似缺陷设备应进行复测并出具异常分析报告。必要时，可结合其他多种带电检测手段，对检测数据进行全方位综合分析。

原始数据记录、检测报告、异常分析报告应归类存档，以便纵向比较分析，判断设备状态参量发展趋势。

第 五 章

SF_6 气体泄漏检测

GIS 中的 SF_6 气体因其良好的绝缘和灭弧电气特性，得到广泛使用。对于充装 SF_6 气体的电气设备，必须具有良好的密封性能，不能产生气体泄漏。一方面，SF_6 气体担负着绝缘和灭弧的双重任务，为了保证设备安全可靠运行，要求不能漏气；另一方面，密封结构越好，设备外部水蒸气往内部渗透量也越小，所充 SF_6 气体含水量的增长就越慢，因此也要求漏气量越少越好。

但是在 GIS 运行过程中，无论其密封结构如何优良，也不可能达到绝对不漏气，只是程度大小的差别。SF_6 气体泄漏到大气环境中，会产生较强的温室效应；SF_6 气体中若含有电弧分解物，还将危害人身安全。在发现 SF_6 气体绝缘设备出现漏气时，通常采用补气的方式进行处理，但是该方法不能从根本上解决问题，漏气现象不能得到有效抑制。因此，对 GIS 进行气体泄漏检测定位及原因分析十分必要。

第一节　SF_6 气体泄漏检测原理

一、SF_6 气体特性

SF_6 气体泄漏检测技术都是根据气体的各种性质而开发的，了解这种气体的性质能够更好地支撑技术人员对泄漏检测技术的理解、掌握和使用，其较为重要的两项特性是负电性和红外吸收特性。

1. 负电性

负电性是指分子（原子）吸收自由电子形成负离子的特性。SF_6 气体分子中具有氟元素，氟元素在周期表上是第七族卤族元素，它的最外层有 7 个电子，很容易吸收 1 个电子形成稳定的电子层。卤族元素均具有负电性，氟居首位。

2. 红外吸收特性

根据能级跃迁理论，气体分子对入射光具有极强的选择性吸收。当分子受到含有丰富频率的红外光照射时，分子会吸收某些频率的光，并转换成分子的振动能量和转动能量。多原子分子具有更多的机械自由度，能够比简单的分子更有效地吸收和发射能量，使分子的能级从基态跃迁到激发态，并使对应于吸收区域的红外照射光的光强减弱。

每一种物质都有自己的特征吸收谱，在气体吸收谱与光源发射谱重叠的部分产生吸收，吸收后光强将会减弱。在一定条件下，其特征吸收峰值的强度与样品物质的浓度成正比关系。因此，可以通过气体分子的红外光谱达到测定样品浓度的目的。

大量的实验研究表明，SF_6 气体在 $10.6\mu m$ 的红外辐射处具有很强的吸收峰，如图 5-1 所示。

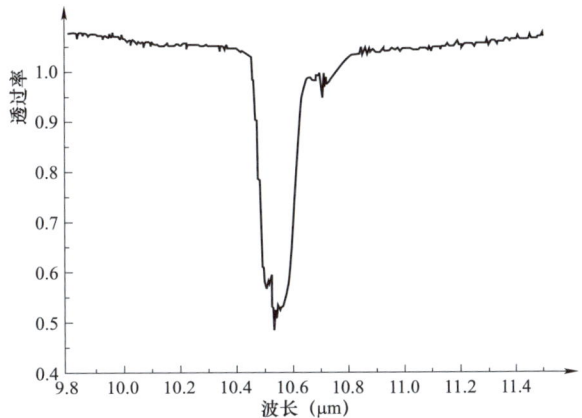

图 5-1　SF_6 红外光谱透过率曲线图

二、SF_6 气体泄漏检测方法

通过不断深入研究，人们对 SF_6 气体的特性，尤其是化学、声学、光学特性已经形成了系统的认识，并研究出一系列泄漏检测技术。其中，负电晕检测技术、电子捕获检测技术、负离子捕获检测技术、紫外电离检测技术利用的是 SF_6 气体的负电性，而红外吸收技术、光声光谱技术、成像技术是利用了 SF_6 气体红外光谱的特征吸收的性质。

1. 负电晕检测技术

电晕放电常发生在不均匀电场中电场强度很高的区域，如高压导线周围、带电体尖端等，其极性由曲率半径小的电极决定，如果曲率半径小的电极带正电，发生的电晕为正电晕，反之为负电晕。负电晕检测技术采用了具有高频脉冲负电晕连续放电效应的检测器，当检测器中存在 SF_6 气体时，其负电性对负电晕放电有一定的抑制作用，致使电晕电流减小。这些随负电性气体浓度而变化的电晕电流通过信号放大电路转换成浓度指示值。

2. 电子捕获检测技术

电子捕获检测技术常采用放射性同位素 Ni^{63} 作为检测器的离子发射体，且配有氩气作为载气。当载气通过放射源时，放射源产生 β 射线的高能电子使载气电离形成正离子与慢速电子，向极性相反的电极定向迁移形成基流。SF_6 气体的负电性决定了它能捕获载气电离形成的慢速电子，从而形成负离子。待检 SF_6 气体负离子与载气正离子复合称为中性化合物，使原有的基流减少，基流的减少量与被测气体的浓度成一定数量的比例关系，将变化的基流转为浓度指示信号输出，从而达到检测气体浓度的要求。

3. 负离子捕获检测技术

该方法利用的是空气，SF_6 气体或各种卤素气体在高频电磁场的作用下电离程度的差异而形成的一种检测技术。假设电离腔内通过的是纯空气，腔体吸收高频电场和磁场所给予的能量，致使谐振回路内的功率因数显著下降，同时引起高频振荡器的振荡幅值大大下降。然而当空气中含有 SF_6 等负电性气体时，负电性气体具有很强的俘获电子能力，致使电离腔中的电离度减弱，振荡器的振荡幅值上升，上升的幅值与被测气体浓度成比例关系，从而通过信号放大电路将信号转为浓度输出值。

4. 紫外电离检测技术

紫外电离检测技术是利用紫外线将检测气体中的氧气和 SF_6 气体离子化，根据它们的离子迁移速度和对电子吸收的差异（由于 O_2 和 SF_6 气体的负电性不同，对光电子俘获能力也不同，则形成不同的迁移速度），迅速简便地测定出在被测气体中所包含的 SF_6 气体浓度。

5. 红外吸收技术

当红外光通过被测气体时，SF_6 气体分子会对特定波长的红外光有吸收作用，其吸收关系服从朗伯—比尔（Lambert-Beer）吸收定律，光的吸收系数与物质的浓度有关，通过吸收介质的长度与透射光强度满足式（5-1）的关系。

$$C = -\frac{1}{\alpha l}\ln\frac{I(\lambda, I)}{I_0} \qquad (5-1)$$

式中 I ——入射光强；

　　I_0 ——透射光强；

　　α ——一定波长下的单位浓度、单位长度介质的吸收系数；

　　l ——被测气体与光相互作用的长度；

　　C ——被测气体的浓度。

在波长 λ 下，若气体的吸收系数 α 可以测量，则 SF_6 气体浓度可以从 I 和 I_0 的变化量求出。

6. 光声光谱技术

光声光谱技术与红外吸收技术的原理类似，都是利用气体对红外光的特征吸收，二者只是在定量 SF_6 气体浓度时存在差异。在光声光谱技术中，当样品吸收光能，并立即以释放热能的方式退激，释放的热能使样品和周围介质按光的调制频率产生周期性加热，从而导致介质产生周期性压力波动，这种压力波动可用高灵敏度的微音拾音器和压电陶瓷传声器检测，并通过放大得到光声信号，压力波动的大小与光吸收作用强弱存在定量关系，相当于检测气体对光的吸收作用，再利用朗伯—比尔吸收定律对气体浓度进行换算。

7. 激光成像技术

SF_6 气体具有极强的红外吸收特性，当激光遇到 SF_6 气体时，会被 SF_6 气体吸收，激光强度将明显减弱。当气体烟雾后面存在固定背景时，由激光发射器瞄准被测区域发出入射激光，经过背景发射后形成反向散射激光进入成像系统。无气体泄漏时，所产生的反向散射激光与反向散射阳光图像相同；有气体泄漏的情况下，返回激光成像系统的激光强度由于经过气体烟雾的吸收作用将会减弱，从而形成差异信号。

8. 红外成像技术

SF_6气体泄漏红外成像检测同样利用其红外吸收特性。红外探测器专门针对极窄的光谱范围进行调整，因此选择性极强，智能检测到可在由一个窄带滤波器界定的红外区域吸收的气体。泄漏气体出现区域的视频图像将产生对比变化，从而产生烟雾状阴影。气体浓度越大，吸收强度就越大，烟雾状阴影就越明显，从而使不可见的SF_6气体泄漏可视化，进而确定其泄漏源及移动方向，使检测人员能够快速、准确地找到泄漏点。

与激光检漏仪相比，红外成像检漏仪无需反射背景，适用范围更广，同时由于无需激光发射器，产品质量也更轻。

三、SF_6气体泄漏红外成像检测仪

利用上述各种技术原理研制的检漏仪，在仪器结构组成上会有一些差异，但是围绕检漏仪性能上的技术指标大同小异，主要包括测量范围、灵敏度、响应时间、恢复时间、工作环境及仪器质量等。

目前，电力系统中广泛采用的是负电晕放电检漏仪和红外成像检测仪，负电晕放电检漏仪重量轻便于携带，但只能定性判断，且精度较低。下面着重对SF_6气体泄漏红外成像检测仪进行介绍。

SF_6气体泄漏红外成像检测仪主要由光学系统、红外探测器、信号处理器、显示器部分组成。光学系统主要用以接收目标物体发出的红外辐射并将其聚焦到红外探测器上。红外探测器是检测仪的核心部件，它感应透过光学系统的红外辐射，并将其转变为电信号发送给信号处理器。由于红外辐射是波长介于可见光与微波之间的电磁波，人的肉眼察觉不到，要观察这种辐射并测量其强弱，必须将其转变成其他可测的物理量。信号处理器就是根据红外探测器传来信号的强弱，按照颜色或灰度等级，将其转化成红外热图，并显示在显示器上。

与普通热像仪相比，SF_6气体泄漏红外成像检测仪的探测器工作波段更窄，通常在为 $10\sim11\mu m$，这样在检测时更具有针对性。同时，探测器为制冷型探测器，热灵敏度更高，能够呈现更小的温差，这样更有利于SF_6气体的发现及成像。

第一代的SF_6气体泄漏红外成像检测仪，通常只能成像。随着科技的发展，现在的SF_6气体泄漏红外成像检测仪不仅能够对SF_6气体的泄漏进行检测，还集成了测温功能。这样，在进行气体泄漏检测的同时，还可以方便地对设备的热故障进行定性、定量分析。

第二节　SF₆气体泄漏现场检测

一、SF₆气体泄漏检测基本要求

1. 检测环境要求

进行室外设备气体泄漏检测时，宜在晴朗天气下进行，要求环境相对湿度一般不大于 80%，风速一般不大于 5m/s；不应在雷、雨、雾、雪等气象条件下进行；现场不应有检修、补气、气体检测及其他电气试验等干扰性较强的工作。

2. 人员技术要求

检测人员应熟悉 SF₆气体泄漏的基本原理、诊断程序，了解 SF₆气体泄漏成像仪的工作原理、技术参数和性能，掌握 SF₆气体泄漏成像仪的操作程序和使用方法；了解 SF₆电气设备的结构特点、易泄漏部位、补气时间间隔等基本常识；具有一定的现场工作经验，熟悉并严格遵守电力生产和工作现场的相关安全管理规定。

3. 被测设备要求

被测设备上应无任何操作，其气体压力值在正常运行范围内。若设备气体压力值达到报警条件，检测时应时刻关注压力变化；若设备气体压力已达到闭锁范围，应立即停止检测，经检修处理后方可继续。

4. 推荐检测周期

对于 SF₆气体泄漏检测，推荐按以下周期执行：

（1）设备在投运前、解体检修后进行。

（2）运行中发现设备气室压力有明显降低时进行。

（3）设备补气间隔小于 2 年时进行。

（4）其他必要情况下进行。

二、SF₆气体泄漏检测步骤

1. 检测准备

（1）查阅技术数据，包括设备一次接线图、设备内部结构图、历史检测数据、设备缺陷记录、设备后台报警情况、设备家族缺陷等。

（2）记录环境参数，包括环境温度、相对湿度、风速、天气状况。

（3）记录检测仪器名称、型号、生产厂家、出厂编号，确认仪器电量充足、存储卡准备就绪。

（4）记录被测设备双重名称、型号、生产厂家、各气室压力等信息。

（5）现场安全措施状况检查，确认现场无任何操作。

（6）明确检测方案，清楚检测流程。

（7）原始数据记录表准备就绪。

2. 红外热像检漏方法

（1）仪器准备。开启检测仪器电源，自检冷却。自检校准时，仪器镜头盖必须盖好，校准后可实现背景噪声的抑制，提高灵敏度。

（2）仪器检查。自检冷却完毕后，打开镜头盖，调节图像焦距、对比度等参数，确认成像仪能正常工作。

（3）测试点选取。根据设备情况，确定检测部位。重点检测气路管道、密度继电器接头、充气阀门、盆式绝缘子接触面、传动机构连接处、法兰连接处等位置。

（4）模式选择。如果泄漏量很微小，就需要采用高灵敏度模式检测。

（5）调色板选择。改变视频图像颜色，通过转换不同的调色板模式，更有利于发现气体泄漏。

（6）检漏测试。根据检测部位调整检测仪器至最佳状态，至少选择三个不同方位对设备进行检测，以保证对设备的全面检测。对于不同的泄漏部位，分别采取相对应的方法。

（7）数据存储。记录泄漏部位的视频和图片。

3. SF_6 气体泄漏部位判断

SF_6 气体泄漏重点从设备以下部位进行检测判断：

（1）法兰密封面。法兰密封面是发生泄漏较高的部位，一般是由密封圈的缺陷造成的，也有少量的刚投运设备是由于安装工艺问题导致的泄漏。查找这类泄漏时应该围绕法兰一圈，检测到各个方位。

（2）密度继电器表座密封处。由于工艺或是密封老化引起，检查表座密封部位。

（3）罐体预留孔的封堵。预留孔的封堵也是 SF_6 泄漏率较高的部位，一般是由于安装工艺造成的。

（4）充气口。活动的部位，可能会由于活动造成密封缺陷。

（5）SF_6 管路。重点排查管路的焊接处、密封处、管路与开关本体的连接部位。有些三相连通的开关 SF_6 管路可能会有盖板遮挡，这些部位需要打开盖板进行检测。包括机构箱内有 SF_6 管路时需要打开柜门才能对内部进行检测。

（6）设备本体砂眼。一般来说砂眼导致泄漏的情况较少，当排除了上述一些部位的时候也应当考虑存在砂眼的情况。

（7）设备传动机构连接处。断路器、隔离开关、接地开关等传动机构因长期操作可能导致其与机构箱连接部位密封不良。

4. SF_6气体泄漏原因

SF_6气体泄漏可能由以下六方面原因导致：

（1）密封件质量。由于老化或密封件本身质量问题导致的泄漏。

（2）绝缘子出现裂纹导致泄漏。

（3）设备安装施工质量。如螺栓预紧力不够、密封垫压偏等导致的泄漏。

（4）密封槽和密封圈不匹配。

（5）设备本体及伸缩节质量。如焊缝、砂眼、裂纹等。

（6）设备运输过程中引起的密封损坏。

▶ 三、SF_6气体泄漏检测注意事项

（1）检测过程中应有专人监护，监护人在检测期间应始终行使监护职责，不得擅离岗位或兼职其他工作。

（2）被测设备若安装在室内，应有良好的通风系统，进入设备安装室前应通风15～20min，并应保证在 15min 内换气一次，含氧量达到 18%以上，SF_6气体浓度小于1000μL/L，方可进入室内进行检测工作。

（3）仪器使用的时候，注意不要刮伤镜头，尽量避免阳光或其他超高温热源直射镜头，以免损坏探测器，不使用时应盖上镜头盖。

（4）带有激光定位功能仪器，请勿将激光照射人员眼睛。

（5）仪器使用完毕，要记住关闭电源，取出电池，盖好镜头盖，将仪器和所有附件均逐一清点后放进专用仪器箱内。

（6）检测仪器的保管，应置于阴凉干燥区域，防止暴晒、雨淋、水浸、撞击、踩踏等，搬运过程中应注意轻拿轻放。

（7）电池充电完毕，应停止充电，如要延长充电时间，最好不要超过 30min。

（8）如发现镜头脏污，可用镜头纸轻轻擦拭，不宜用水冲洗，也不要用手或纸巾直接抹擦。

（9）仪器长时间放置不用时，最好隔段时间拿出来开机运行几分钟，以保持仪器性能稳定。

第三节　SF_6气体泄漏检测异常诊断分析

开展 SF_6气体泄漏检测工作时，首先进行定性判断，有怀疑时再进行定量检漏。交接试验中，SF_6气体年泄漏率应小于 1%（质量分数）；对于运行设备的日常监控、诊断检测以及大修后设备的密封性能要求，其 SF_6气体年泄漏率应小于 0.5%（质量分数）。

以中间法兰、密度继电器、焊缝密封面等几种典型的气体泄漏位置为例，其漏气检测结果如图 5-2 所示。

(a)

(b)

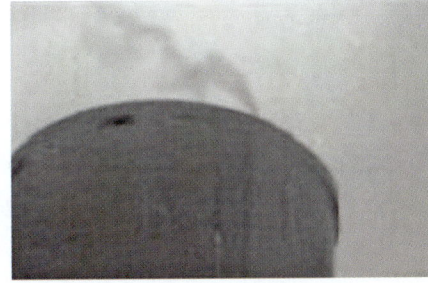

(c)

(d)

图 5-2 SF$_6$ 气体泄漏成像图（一）

（a）中间法兰处；（b）密度继电器处；（c）焊缝密封面处；（d）断路器阀处

(e)

图 5-2　SF_6 气体泄漏成像图（二）

（e）断路器顶部

第四节　数据记录与检测报告

SF_6 气体泄漏红外热成像检测过程中，应详细记录检测环境条件（包括环境温度、相对湿度、环境风速等）、被测设备信息（包括被测设备所在变电站及电压等级、被测设备运行双重名称、被测设备铭牌资料、运行负荷大小、额定气体压力、实际气体压力、检测异常设备疑似缺陷位置的可见光照片等）、检测仪器信息（包括检测仪器名称、检测仪器型号、图谱存储卡编号等）、检测日期、检测人员、原始检测数据（包括每个测试位置所对应的图谱/视频编号、检测异常情况等）。

检测完毕后，根据检测情况出具检测报告，检测报告应能够准确、全面反映当次检测的对象、条件、方法、仪器和检测的结果。对于存在异常的疑似缺陷设备应进行复测并出具异常分析报告。必要时，可结合其他多种带电检测手段，对检测数据进行全方位综合分析。

原始数据记录、检测报告、异常分析报告应归类存档，以便纵向比较分析，判断设备状态参量发展趋势。

第 六 章

SF₆气体组分检测分析

第一节　SF₆气体组分检测原理

一、SF₆气体性能

1. SF₆气体的物理性能

SF₆气体是目前高压电器中使用的最优良的灭弧和绝缘介质。它无色、无味、无毒，不会燃烧，化学性能稳定，常温下与其他材料不会产生化学反应。SF₆气体的熔点$-50.8℃$，沸点$-60.3℃$，气体密度（标准大气压，25℃时）$6.25kg/m^3$（空气密度为$1.166kg/m^3$），分子量146.07（空气分子量28.8），临界温度45.6℃，临界压力3.85MPa。

2. SF₆气体的绝缘性能

SF₆气体具有优良的绝缘性能，在比较均匀的电场中，压力为 0.1MPa 时，其绝缘强度约为空气的 2~3 倍；在 0.3MPa 时，其绝缘强度可以达到绝缘油的水平，这个比率随着压力的增大还会增大。

影响 SF₆气体绝缘强度的因素主要有以下五个方面：

（1）电场均匀性的影响。绝缘强度对电场的均匀性特别敏感，在均匀电场下，绝缘强度随触头间距离的增加而线性增加，距离过大时电场会不均匀，使其绝缘强度的增加出现饱和现象，在不均匀电场中甚至会接近空气的绝缘水平。

（2）压力的影响。在较均匀电场下，绝缘强度随气体压力的增加而增加，但并不成正比关系。

（3）电极表面状态的影响。通常电极表面越粗糙，击穿电压越低；电极面积越大，则由于偶然因素出现的概率越大，因而使击穿电压降低。

（4）电压极性的影响。电压极性对 SF₆气体击穿电压的影响和电场的均匀性有关。在均匀电场中，由于电场强度处处相等，所以没有极性概念；在稍不均匀电场中，曲率较大的电极为负时，其附近的场强较大，容易产生阴极电子发射，使气隙的击穿电压降低。

（5）杂质和水分的影响。SF$_6$气体含有杂质和水分时，其绝缘强度下降。

3. SF$_6$气体的灭弧性能

SF$_6$气体具有优良的灭弧性能，其灭弧能力比空气大2个数量级。其优良性能主要表现在以下三个方面：

（1）优良的热化学特性。SF$_6$气体的电弧结构近似于温度为径向矩形分布的弧芯，弧芯部分温度高导电性好，弧芯外围部分温度下降非常陡峭，而外焰部分温度低、散热好。因此，SF$_6$气体的电弧电压低，电弧输入功率小，对熄弧有利。电弧弧芯导电良好，不容易造成电流折断，不会出现过高的截流过电压，电流过零时，弧芯的热体积小，残余弧柱细，过零后的介质恢复特性好。

（2）负电性强。负电性就是指分子（原子）吸收自由电子形成负离子的特性。SF$_6$气体分子捕捉自由电子形成负离子的能力非常强，形成负离子后再与正离子结合造成空间带电离子的迅速减少。

（3）电弧时间常数小。电弧电流过零后，SF$_6$气体介质性能的恢复远比空气和油介质为快。

4. SF$_6$气体的水分与分解气体

水分对SF$_6$气体绝缘设备的正常运行具有决定性的影响，一旦含水量较高，很容易在绝缘材料表面结露，造成绝缘下降，严重时产生闪络击穿。为了保证耐压特性，需将SF$_6$气体中的水分控制在0℃饱和水蒸气压力下，这样即使变成饱和水蒸气，也已变成冰霜，不致绝缘下降。

SF$_6$气体在常温下是一种极稳定的气体，在接触电弧的情况下，会发生分解，分解后的气体在灭弧后又急速地结合，大部分又还原为稳定的SF$_6$气体。SF$_6$气体内水分含量不仅影响绝缘性能，也关系到开断后电弧分解物的组成与含量。在电弧作用下，SF$_6$气体分解物中WO$_3$、CuF$_2$、WOF$_4$等为粉末状绝缘物，其中CuF$_2$具有强烈的吸湿性，附着在绝缘物表面，使沿面闪络电压下降；HF、H$_2$SO$_4$等强腐蚀性物质对固体有机材料及金属件起腐蚀作用。WO$_2$、SOF$_4$、SO$_2$F$_2$、SOF$_2$、SO$_2$等均为有毒有害物质，随含水量的增加而增加。

为了控制SF$_6$气体中的水分和电弧分解产生的低氟化合物，在高压电器内放置既能吸附水分、又能吸附低氟化合物的吸附剂，一般吸附剂的质量是气体充入质量的10%。特别注意使用过的吸附剂不允许烘燥处理后再次使用。

5. SF$_6$气体的毒性

纯净的SF$_6$气体是无毒的，但SF$_6$气体在合成过程中，会有硫的低氟化物产生，它们中的某些物质是有毒或剧毒的。在电气设备中的电晕、火花、电弧作用下，SF$_6$气体会产生多种有毒、腐蚀性气体及固体分解物。一小部分SF$_6$气体主要分解成氟化亚硫酰（SOF$_2$）、氟化硫酰（SO$_2$F$_2$）、四氟化硫（SF$_4$）、四氟化硫酰（SOF$_4$）、十氟化二硫（S$_2$F$_{10}$）

等，其中主要为剧毒的 SOF_2、SO_2F_2 气体。产生的多少，主要取决于 SF_6 气体中的水分和含氧量的多少。SF_6 气体绝缘设备中的固体分解物主要有氟化铜（CuF_2）、二氟二甲基硅［$Si(CH_3)_2F_2$］、三氟化铝（AlF_3）粉末等，因而多采用吸附剂清除 SF_6 气体中的水分和分解产物。

6. 接触 SF_6 气体工作人员的注意事项

（1）SF_6 气体质量比空气重，在没有与空气充分混合的情况下，SF_6 气体有沉积于低处的倾向。在可能由大量 SF_6 气体沉积的地方，如电缆沟、室内底层、容器的底部等，容易缺氧，存在使人窒息的危险。

（2）运行维护人员的工作场所，SF_6 气体的最大允许浓度为 1000μL/L。进入室内工作之前，必须充分通风换气，排气装置必须装在室内的较低位置，以便彻底将可能泄漏的 SF_6 气体排出室外。

（3）SF_6 气体绝缘设备中的 SF_6 气体在投入运行之后的分解物对人类是极其有害的。如在不适当的检修条件下工作，检修人员暴露在固态和气态的分解物之中，就会使没有保护的皮肤烧伤和引起呼吸系统的伤害。如果暴露的时间不长，这些损伤是可以恢复的；如果长时间吸入高浓度的气体分解物，就会引起呼吸系统的急剧水肿而导致窒息等。

（4）为了防止万一泄漏的气体吸入人体，必须在通风良好的条件下进行操作。如闻到难闻的气味，或发现口、眼、鼻等有刺激症状，务必迅速离开。

二、SF_6 气体质量要求

（一）SF_6 气体中杂质来源

运行电气设备中的 SF_6 气体含有若干种杂质，其中部分来自 SF_6 新气（在合成制备过程中残存的杂质和在加压充装过程中混入的杂质），部分来自设备运行和故障过程中。表 6-1 列出了 SF_6 气体的主要杂质及其来源。

表 6-1　　　　　　　　设备中 SF_6 气体的主要杂质及其来源

使用状态	杂质产生的原因	可能产生的杂质
SF_6 新气	制备过程中产生	空气、矿物油、H_2O、CF_4、HF、可水解氟化物、氟烷烃
检修运维	泄漏和吸附能力差	空气、矿物油、H_2O
开关设备操作	电弧放电	H_2O、CF_4、HF、SO_2、SOF_2、SOF_4、SO_2F_2、SF_4、AlF_3、$CuF2$、WO_3
	机械磨损	金属粉尘、微粒
内部电弧放电（故障）	材料的熔化和分解	空气、H_2O、CF_4、HF、SO_2、SOF_2、SOF_4、SO_2F_2、SF_4、AlF_3、CuF_2、WO_3、FeF_3、金属粉尘、微粒
设备绝缘缺陷	局部放电；电晕和火花	HF、SO_2、SOF_2、SOF_4、SO_2F_2

（二）SF₆气体质量规范

工业上，普遍采用 SF₆ 气体制备方法是单质硫与过量的气态氟直接化合；近年来对无水 HF 电解产生硫或含硫化合物的合成方法进行了探索。

1. 新气验收的抽检率

现有标准对 SF₆ 新气验收的抽检要求列于表 6-2。各标准在规定用户验收和抽检数量上是不尽相同的，按照验收从严的原则，电力行业按照 DL/T 941—2005《运行中变压器用六氟化硫质量标准》的规定执行。

表 6-2 SF₆新气验收的抽检率

标　　准	每批气瓶数	抽检最少气瓶数
GB/T 8905—2012《六氟化硫电气设备中气体管理和检测导则》GB/T 12022—2014《工业六氟化硫》	1	1
	2～40	2
	41～70	3
	71 以上	4
DL/T 941—2005《运行中变压器用六氟化硫质量标准》	1～3	1
	4～6	2
	7～10	3
	11～20	4
	21 以上	5
DL/T 596—1996《电气设备预防性试验规程》	每批产品 30%的抽检率	

2. 新气质量指标

国际电工委员会（IEC）和各国制定了 SF₆ 新气（包括再生气体）质量标准，列于表 6-3，我国按照 GB/T 8905—2012《六氟化硫电气设备中气体管理和检测导则》的规定执行。

表 6-3 SF₆ 新 气 质 量 要 求

项目	IEC	GB/T 8905—2012	美国 ASTMP-71	日本旭硝子公司
空气（N₂+O₂）	<0.05%	≤0.04%	≤0.05%	<0.05%
CF₄	<0.05%	≤0.04%	≤0.05%	<0.05%
H₂O	<15μL/L（−36℃）	≤5μL/L（−49.7℃）	−50℃	<8μL/L
酸度	<0.3μL/L	≤0.2μL/L	≤0.3μL/L	<0.3μL/L
可水解氟化物	<0.1μL/L	≤0.1μL/L	—	<5μL/L
矿物油	<10μL/L	≤4μL/L	<5μL/L	<5μL/L
纯度	>99.7%（液态）	≥99.9%	>99.8%	>99.8%
毒性试验	无毒	无毒	无毒	无毒

3. 投运前和交接时的气体质量指标

GB/T 8905—2012《六氟化硫电气设备中气体管理和检测导则》中给出了设备投运前和交接试验时的 SF_6 气体分析项目及质量指标，见表 6-4 所列。

表 6-4   投运前和交接时的 SF_6 气体分析项目及质量指标

序号	项目	周期	单位	指 标
1	气体泄漏	投运前	%/年	≤0.5
2	湿度（20℃）	投运前	μL/L	有电弧分解产物≤150 无电弧分解产物≤250
3	酸度	必要时	%（质量比）	≤0.000 03
4	CF_4	必要时	%（质量比）	≤0.05
5	空气（N_2+O_2）	必要时	%（质量比）	≤0.05
6	可水解氟化物	必要时	%（质量比）	≤0.000 1
7	矿物油	必要时	%（质量比）	≤0.001
8	气体分解产物	必要时		<5μL/L，或（SO_2+SOF_2）<2μL/L、HF<2μL/L

4. 运行中的气体质量指标

GB/T 8905—2012《六氟化硫电气设备中气体管理和检测导则》中给出了运行中设备的 SF_6 气体分析项目及质量指标，见表 6-5 所列。

表 6-5   运行中 SF_6 气体分析项目及质量指标

序号	项目	周期	单位	指 标
1	气体泄漏	必要时	%/年	≤0.5
2	湿度（20℃）	1~3 年/次 必要时	μL/L	有电弧分解产物≤300 无电弧分解产物≤500
3	酸度	必要时	%（质量比）	≤0.000 03
4	CF_4	必要时	%（质量比）	≤0.1
5	空气（N_2+O_2）	必要时	%（质量比）	≤0.2
6	可水解氟化物	必要时	%（质量比）	≤0.000 1
7	矿物油	必要时	%（质量比）	≤0.001
8	气体分解产物	必要时		注意设备中的分解产物变化增量

三、SF_6 气体状态检测

（一）SF_6 气体纯度检测

设备在充气和抽真空时可能混入空气，其他气体也可能从设备的内部表面或从绝缘材料释放到 SF_6 气体中，气体处理设备（如真空泵、压缩机等）中的油也可能进入到 SF_6

气体中，从而影响运行设备的SF₆气体纯度。常用SF₆气体纯度检测方法有电化学传感器法、气相色谱法、声速测量法、红外光谱法、高压击穿法和电子捕获法，应用较多的是电化学传感器法、气相色谱法和红外光谱法。

1. 电化学传感器法

SF₆气体通过电化学传感器后，根据传感器测得电信号的幅值变化，对SF₆气体纯度进行定性与定量的测试，最为典型的应用是使用热导传感器。

热导传感器的检测原理是，纯净气体混入杂质气体或者组分的气体含量发生变化后，必然引起混合气体的导热系数发生相应变化，通过检测气体导热系数的变化，便可准确计算出不同的混介比例，从而实现对SF₆气体纯度的检测。

与其他检测方法相比，热导传感器的特点是，检测范围大，最高检测浓度可达100%；回热导传感器系统集成度高，工作稳定性好，使用寿命长；检测具有广谱性，可检测几乎所有的气体；使用单纯的热导传感器，检测装置结构简单，价格便宜，使用维护方便。

2. 气相色谱法

以惰性气体（载气）为流动相，以固体吸附剂或涂渍有固定液的固体载体为固定相的柱色谱分离技术，配合热导检测器（TCD），检测出被测SF₆气体中的空气、CF_4的含量，从而实现对SF₆气体纯度的检测。

其特点为，检测范围广，定量准确；检测时间短，检测耗气量少；对某些特殊组分无良好分离效果。

3. 声速测量法

由于在不同气体中声音的传播速度不同，如空气中声速为330m/s，SF₆气体中的声速为130m/s，通过测量样气中声速的变化，来确定SF₆气体的体积比例，从而实现对SF₆气体纯度的检测。

其特点为，精度大约为±1%，空气以外的其他气体的存在可能会影响检测精度。

4. 红外光谱法

利用SF₆气体在特定波段的红外光吸收特性，对SF₆气体进行定量检测，可检测出SF₆气体的含量。

其特点为，可靠性高，与其他气体不存在交叉反应；受环境影响小；反应迅速，使用寿命长。

（二）SF₆气体湿度检测

设备在充气和抽真空时可能混入水蒸气，水分也可能从设备的内部表面或绝缘材料释放到SF₆气体中，气体处理设备（如真空泵、压缩机等）中的油也可能进入到SF₆气体中，从而影响运行设备的SF₆气体湿度。常用的SF₆气体湿度检测方法有露点法、电解法、阻容法、质量法等。

1. 露点法

利用气体试样通过一个密闭的检测通道，在通道内有一个暴露的表面，多为温度可人为控制的金属镜面。当这一表面的温度足够低时，气体中的水或水加上其他物质，就在镜面上冷凝形成明显的雾或露，或者在低温时形成结晶的霜，直到冷凝保持稳定状态。也就是说，镜面上形成的冷凝和结晶不随时间延长而有增加或减少时，这个表面温度就是该被测气体的露点。

2. 电解法

将气体样品通过一个特别的电解池，被电解池上的 P_5O_5 膜层吸附，同时又被电解。根据气体定律和库仑电解定律，计算出 $1\mu L/L$ 水消耗的电流数。从指示仪表直接读出含水量。

该方法的特点是，适用于连续在线分析，但测定灵敏度较低，测量值一般要大于 $10\mu L/L$ 为好，间歇测定时达到稳定的时间较长。

3. 阻容法

当被测气体通过电子湿度仪的传感器时，气体湿度的变化引起传感器电阻、电容壁的改变、从而测得气体湿度值。根据传感器吸湿后电阻电容的变化量来计算湿度。当水分进入微孔后，使其具有导电性，电极之间产生电流/电压。利用标准湿度发生器产生定量水分来标定电压露点温度关系，根据标定的曲线测量湿度。

该方法的特点为，利用标准湿度发生器得到的人工标定曲线会随时间漂移，需经常校准。

4. 质量法

使 SF_6 气体穿过已知质量的水分吸收管路，SF_6 气体中的水分被充分吸收，管路的质量增加量即为穿过的 SF_6 气体中微水的含量。该方法测量精确，但较少用于仪器测量。

5. SF_6 气体湿度检测结果温度折算

SF_6 气体湿度检测结果应折算为 20℃ 的湿度值，详见附录 H 所列，其中，t 表示环境温度（℃），R 表示环境温度为 t 的湿度测量值（$\mu L/L$）。

如果折算值可以由实测值直接从附录 H 的表中查出，即为折算值；如果折算值不能由实测值直接从附录 H 的表中查出，可以采用加权求值法（即线性插值法）利用式（6-1）或式（6-2）计算出折算值。

$$V_{Y(t)} = V_{Y(0)} + 0.1 \times \frac{V_{Y(1)} - V_{Y(0)}}{V_{X(t)} - V_{X(0)}} \qquad (6-1)$$

$$V_{Y(t)} = V_{Y(1)} - 0.1 \times \frac{V_{Y(1)} - V_{Y(0)}}{V_{X(1)} - V_{X(t)}} \qquad (6-2)$$

式中　$V_{Y(t)}$——测试温度下的实测值换算至 20℃ 的湿度值；

$V_{X(t)}$——测试温度下的实测湿度值；

$V_{X(1)}$、$V_{X(0)}$——同一环境温度下与实测值最接近的整数值；

$V_{Y(1)}$、$V_{Y(0)}$——$V_{X(1)}$、$V_{X(0)}$换算至20℃下的湿度值。

（三）SF$_6$气体分解物成分分析

现场运行表明，与局部放电检测、交流耐压等电气试验方法相比，对于设备部件异常放电或发热、绝缘沿面缺陷、灭弧室内零部件的异常烧蚀等潜伏性故障诊断，及在事故后 GIS 内部故障定位等方面，SF$_6$气体分解产物检测方法具有受外界干扰小、灵敏度高、准确性好等优势。

对于正常运行的 SF$_6$电气设备，因 SF$_6$气体的高复合性（复合率达到99.9%以上），非灭弧气室中应无分解物，对于产生电弧的断路器室，因其分合速度快，SF$_6$气体具有良好的灭弧功能，以及吸附剂的吸附作用，一般不存在明显的 SF$_6$气体分解产物。由于设备长期带电运行或处在放电作用下，SF$_6$气体易复分解产生 SF$_4$、SF$_2$、S$_2$F$_2$等多种低氟硫化物。若气体不含杂质，随着温度降低，分解气体可快速复合还原成 SF$_6$。由于实际应用设备中的 SF$_6$气体含有微量的空气、水分和矿物油等杂质，上述低氟硫化物性质较活泼，易与氧气、水分等再反应，生成相应的固体和气体分解产物。

SF$_6$气体在电弧放电作用下，产生的分解产物主要有 SOF$_2$、SO$_2$、H$_2$S、HF 等；在火化放电中，形成的分解产物主要是 SOF$_2$、SO$_2$F$_2$、SO$_2$、H$_2$S、HF 等，但与电弧作用下生成物之间的比值有所变化；电晕放电产生的主要分解产物是 SOF$_2$、SO$_2$F$_2$、SO$_2$、HF 等；在放电和热分解过程中，及水分作用下，SF$_6$气体分解产物为 SOF$_2$、SO$_2$F$_2$、SO$_2$、HF 等，当故障涉及固体绝缘材料时，还会产生 CF$_4$、H$_2$S、CO、CO$_2$等。

因 SOF$_2$、SO$_2$F$_2$等分解产物属于中间态产物，极不稳定，实际应用时常以 SO$_2$、H$_2$S、CO、CF$_4$为主要检测对象。

SF$_6$气体分解物成分分析的检测方法主要有电化学传感器法、气相色谱法、气体检测管法等。

（1）电化学传感器法。根据被测气体中的不同组分选择相应的特征电化学传感器。被测气体通过传感器时，输出的电信号随气体浓度变化，从而确定被测气体中的组分及其含量。适用于 SF$_6$气体中 SO$_2$、H$_2$S、CO 含量的检测。

（2）气相色谱法。以惰性气体（载气）为流动相，以固体吸附剂或涂渍有固定液的固体载体为固定相的柱色谱分离技术，配合热导检测器（TCD），检测出被测气体中的待测组分含量。主要适用于 SF$_6$气体中 CF$_4$含量的检测。

（3）气体检测管法。气体检测管法适用于 SF$_6$气体中 SO$_2$、H$_2$S、CO 含量的检测。其检测原理是，被测气体与检测管内填充的化学试剂发生反应，生成特定的化合物、引起指示剂颜色的变化，根据颜色变化指示的长度得到被测气体中所测成分的含量。

第二节 SF_6气体组分现场检测

一、SF_6气体组分检测基本要求

1. 检测环境要求

进行室外设备SF_6气体检测时，宜在晴朗天气下进行，要求环境相对湿度一般不大于80%，风速一般不大于5m/s，风力大于5级时，不宜在室外进行该项工作；不应在雷、雨、雾、雪等气象条件下进行；现场不应有检修、补气、其他电气试验等干扰性较强的工作。

2. 人员技术要求

检测人员应熟悉SF_6气体检测的基本原理、诊断程序，了解SF_6气体检测仪的工作原理、技术参数和性能，掌握SF_6气体检测仪的操作程序和使用方法；了解SF_6电气设备的结构特点、各种不同型号及不同厂家设备的充气接头操作方法和注意事项、设备运行环境等基本常识；具有一定的现场工作经验，熟悉并严格遵守电力生产和工作现场的相关安全管理规定。

3. 被试设备要求

被测设备上应无任何操作，其气体压力值在正常运行范围内。若设备气体压力值达到报警条件，检测时应时刻关注压力变化；若设备气体压力已达到闭锁范围，应立即停止检测，经检修处理后方可继续。SF_6气体在充入电气设备24h后方可进行气体分解产物检测，灭弧气室的检测时间应在设备正常开断额定电流及以下电流48h后。

4. 测量气路系统要求

（1）测量管路必须用不锈钢管、铜管或聚四氟乙烯管，壁厚不小于1mm，内径为2～4mm。管道内壁应光滑清洁，不允许使用高弹性材料管道，如橡皮管、聚氯乙烯管等，测量管路长度一般不超过5m。

（2）接头应采用金属材料，内垫用金属垫片或用聚四氟乙烯垫片，接头应清洁，焊剂和油脂等污染物应清除掉。

（3）测量管路和接头与设备连接前，各接头和管路部分可用500W以上的吹风机，用热风吹干后，再与仪器连接。

（4）测量仪器的气体出口应接试验尾气回收装置或气体收集袋，对测量尾气进行回收。若仪器本身带有回收功能，则启用其自带功能回收。

5. 推荐检测周期

对于SF_6气体微水含量及特征气体组分检测，推荐按以下周期执行：

（1）建议微水含量检测周期为1000kV每年一次、750kV及以下三年一次；建议气体分解物检测每三年开展一次。

（2）设备在投运前、解体检修后进行一次气体组分检测；若接近注意值，半年后应再测一次。

（3）运行中发现设备气室压力有明显降低时进行，并应跟踪测量。

（4）新充（补）气48h至2周范围内应测量一次。

（5）气体压力明显下降时，应定期跟踪测量。

（6）其他必要情况下进行。

二、SF₆气体组分检测步骤

进行SF₆气体检测工作前，应做好以下准备工作：

（1）检查确认仪器处于正常工作状态，保证仪器电量充足，现场电源满足仪器使用要求。

（2）检查被试设备是否满足湿度及分解物成分分析检测要求。

（3）再次检查现场试验区域是否满足安全要求、环境是否符合检测要求。

（4）确定合适的取气辅助设备、工具。

SF₆气体纯度、湿度与分解物成分的不同检测方法在现场检测步骤差异不大，且已有集成了几种检测方法的综合分析测试仪投入现场使用，因此，不分别对每种检测方法的检测步骤展开赘述。

以下为SF₆气体湿度与分解物成分分析常规性的检测步骤：

（1）用气体管路接口连接气体采集装置与设备取气阀门，按检测管使用说明书要求连接气体采集装置与气体检测管。检测用气体管路不宜超过5m，保证接头匹配、密封性好，不得发生气体泄漏现象。对有常开/常闭要求的阀门应标注其初始位置。

（2）根据要求对仪器进行接地，并按照仪器说明书要求，完成仪器设备的自检定、自校准。

（3）打开设备取气阀门，按照检测管使用说明书，通过气体采集装置调节气体流量至额定范围以内，先冲洗气体管路约30s后开始检测。

（4）检测过程中应保持检测流量的稳定，并随时注意观察设备气体压力，防止气体压力异常下降。发生气体泄漏，应及时维护处理。

（5）根据检测仪操作使用说明书的要求判定检测结束时间，达到检测时间后，关闭设备阀门，取下检测管，记录检测结果。

（6）关闭阀门以后应进行SF₆气体检漏，同时确保阀门的常开、常闭位置与初始状态一致。

（7）对数据异常情况应重复开展检测。

三、SF₆气体组分检测注意事项

（1）进入发电厂、变（配）电站进行现场检测应严格执行设备管理部门的相关要求；严格执行发电厂、变（配）电站巡视的要求。

（2）检测至少由两人进行，并严格执行保证安全的组织措施和技术措施。被测设备若安装在室内，应有良好的通风系统，进入设备室前应通风 15～20min，并应保证在 15min 内换气一次，含氧量达到 18%以上，SF₆气体浓度小于 1000μL/L，方可进入室内进行检测工作。

（3）检测仪器应置于阴凉干燥区域，防止暴晒、雨淋、水浸、撞击、踩踏等；检测过程中，应始终注意避开 SF₆气体绝缘高压设备的防爆口或压力释放口，并随时监测被测设备的气体压力，防止气体压力异常下降，防止特殊条件下的人身伤害；检测时，要防止误碰、误动设备，避免踩踏气体管道及其他二次电缆；应严格遵守操作规程，检测人员和检测仪器应避开设备取气阀门开口方向，检测人员应站在上风口，难以避开的应采取相应安全措施，防止取气造成设备内气体大量泄漏及发生其他意外。

（4）新安装的设备，SF₆气体充气至额定压力，24h 之后方可进行气体测试；测量过程中要保持气体流量的稳定，必要时可在采样管道中加装过滤装置，以去除粉尘杂质对测量结果的影响。

（5）被试设备进行操作时，禁止检测人员在其外壳上进行工作；测试现场出现明显异常情况时（如异音、电压波动、系统接地、设备故障引起大量 SF₆气体外泄等），应立即停止测试工作并撤离现场。

（6）成分仪有量程选择的注意量程位置，先进行预估大量程测量，安全范围值内时转至小量程精确测量；检测时，应认真检查气体管路、检测仪器与设备的连接，并选择适当接头，防止气体泄漏，必要时检测人员应佩戴安全防护用具（防毒面具）。

（7）用气体采样容器取样检测前，应先检查采样器是否漏气，如有漏气现象，应及时维护处理。

（8）测量完毕后，应注意恢复仪器至保护状态，恢复设备取气口至初始状态；用 SF₆气体检漏仪进行检漏，如发生气体泄漏，应及时维护处理，或立即通知检修人员处理。

（9）设备内 SF₆气体不准向大气排放，应采取净化回收措施，经处理检测合格后再使用，回收时作业人员应站在上风侧。

（10）定期对气体采集装置的流量计进行校准，确保检测结果的准确度。

第三节 SF₆气体组分检测异常诊断分析

判断 SF₆ 设备气体纯度、湿度与分解物成分是否有异常，主要依据有 GB/T 8905—2012《六氟化硫气体电气设备中气体管理和检测导则》、DL/T 506—2007《六氟化硫电气设备中绝缘气体湿度测量方法》、DL/T 1205—2013《六氟化硫电气设备分解产物试验方法》。详细规定见表 6-6～表 6-8。

表 6-6　　　　　　　　　　SF₆电气设备纯度检测控制指标

类　　型	有电弧分解物隔室	无电弧分解物隔室
控制指标	≥97%	≥95%

表 6-7　　　　　　　　　SF₆电气设备湿度检测判断指标（20℃）

类　　型	交接试验值	运行值
有电弧分解物隔室（GIS 开关设备）	≤150μL/L	≤300μL/L（注意值）
无电弧分解物隔室（GIS 开关设备、电流互感器、电磁式电压互感器）	≤250μL/L	≤500μL/L（注意值）
箱体及开关（SF₆绝缘变压器）	≤125μL/L	≤220μL/L（注意值）
电缆箱及其他（SF₆绝缘变压器）	≤220μL/L	≤375μL/L（注意值）

表 6-8　　　　　　　　SF₆气体分解产物的气体组分控制指标

气体组分	交接试验值	运行值
SO_2	≤1μL/L	≤1μL/L
H_2S	≤1μL/L	≤1μL/L

注　1. 灭弧气室的检测时间应在设备正常开断额定电流及以下电流48h 后。
　　2. CO 和 CF_4 作为辅助指标，与初值（交接验收值）比较，跟踪其增量变化，若变化显著，应进行综合诊断。

若设备中 SF₆ 气体分解产物 SO_2 或 H_2S 含量出现异常，应结合 SF₆ 气体分解产物的 CO、CF_4 含量及其他状态参量变化、设备电气特性、运行工况等，对设备状态进行综合诊断。

目前，较新的测量仪器均能将不同温度条件下的 SF₆ 气体微水测量结果自动换算至 20℃的标准条件下的测试值，若仪器说明未能进行相关换算的，应参照 DL/T 506—2007《六氟化硫电气设备中绝缘气体湿度测量方法》中的换算方法将测量结果换算至 20℃的标准条件下。

第四节 数据记录与检测报告

SF_6气体纯度、湿度与分解物成分分析检测过程中，应详细记录检测环境条件（包括环境温度、相对湿度等）、被测设备信息（包括被测设备所在变电站及电压等级、被测设备运行双重名称、被测设备铭牌资料、额定气体压力、实际气体压力等）、检测仪器信息（包括检测仪器名称、检测仪器型号等）、检测日期、检测人员、原始检测数据（包括每个测试位置所对应的测试数据、检测异常情况等）。

检测完毕后，根据检测情况出具检测报告，检测报告应能够准确、全面反映当次检测的对象、条件、方法、仪器和检测的结果。对于存在异常的疑似缺陷设备应进行复测并出具异常分析报告。必要时，可结合其他多种带电检测手段，对检测数据进行全方位综合分析。

原始数据记录、检测报告、异常分析报告应归类存档，以便纵向比较分析，判断设备状态参量发展趋势。

第 七 章

X 射 线 检 测

　　X 射线检测技术是利用射线对感光材料的感光作用，用胶片记录、显示检测结果的方法，射线成像检测是利用射线与物质相互作用的光、电效应，将穿透被检测工件的射线转换为光、电信号并予以显示的方法。1895 年，伦琴发现 X 射线，1900 年 X 射线胶片问世，同年法国海关开始用 X 射线检查物品，这标志着现代无损检测技术的诞生和实用化的开始。

　　X 射线从诞生到经过一个多世纪的发展，虽然已比较成熟，但它仍然是无损检测新技术、新领域应用中的一个发展热点。由于 X 射线照相技术和工业 CT 可以对复杂构件进行整体检测，能够对微小缺陷进行精确定位，检测速度较快，能够记录和处理大批量数据，20 世纪 90 年代以来，X 射线无损检测在无损检测中的应用正受到越来越多的瞩目。其劣势主要是设备、系统的价格较高，尤其是 X 射线工业 CT，而且使用过程中可能存在辐射的危险。

　　在电力设备的检测中，X 射线不但可以对停电条件下的设备构件进行扫描，同时由于其非接触式的检测优势，也可对运行中的带电设备开展检测，是对常规带电检测手段的一个有效补充。

　　采用固体绝缘介质的电力设备对电网的安全稳定运行有着重要意义，而针对此类电力设备的检测手段虽然较多，但是如同医学领域运用 X 光透射人体内部结构作为人体"故障"诊断的一种方式一样，该类电力设备的某些类型故障也需要而且有必要采用类似的透视技术展现，以明确故障类型及位置。

第一节　X 射线检测原理

一、X 射线基本知识

　　X 射线是一种波长介于紫外线与 γ 射线之间的电磁辐射。X 射线是由 X 射线管产生的，X 射线管是一个具有阴、阳两级的真空管，阴极是钨丝，阳极是金属制成的靶。在阴阳两极之间加有几十千伏以至几百千伏的直流电压（管电压），当阴极加热到白炽状态时，释放出大量电子，这些电子在高压场中被加速，从阴极飞向阳极（管电流），最终以很大的速度撞击在金属靶上，失去所具有的动能，这些动能绝大多数转换为热能，仅有极少部分转换为 X 射线向四周辐射。受电子撞击的地方，即产生 X 射线的地方叫焦点。电子是从阴极移向阳极，而电流则相反，是从阳极向阴极流动，这个电流叫管电流，调节管电流只需调节灯丝加热电流即可，管电压的调节是靠调整 X 射线装置主变压器的初级电压来实现。

X 射线具有以下性质：

（1）在真空中以光速直线传播。

（2）本身不带电，不受电场和磁场的影响。

（3）在媒质界面上只能发生漫反射，不能像可见光那样产生镜面反射。

（4）可以发生干涉和衍射现象，但只能在非常小的光阑中才会发生。

（5）不可见，能够穿透可见光不能穿透的物质。

（6）在穿透物质中，会与物质发生复杂的物理化学作用。

（7）具有辐射生物效应，能够杀伤生物细胞，破坏生物组织。

二、X 射线检测

1．X 射线检测技术

X 射线在穿透物体时，会与物体的材料发生相互作用，因吸收和散射能力不同，使透射后射线减弱的强度不同，强度衰减程度取决于穿透物体的衰减系数和射线的穿透厚度，如果被透照物体的局部存在厚度差，该局部区域的透过射线强度就会与周围产生差异，感光胶片就会反映出这种差异，因而可以检测出 X 射线穿透物体有无缺陷以及缺陷的尺寸、形状，结合工作经验能够判断出缺陷的性质。如穿透物体内部有裂纹，感光后胶片接受的穿透 X 射线就多，曝光量就达，该处的胶片就是黑色的裂纹影像，无裂纹处则呈白色。

如图 7-1 所示，试件存在一厚度差异部位，试件厚度为 T，线衰减系数为 μ，厚度差异部位在射线透过方向的尺寸为 ΔT，线衰减系数为 μ'，入社射线强度为 I_0，一次透射射线强度分别为 I_P（完好部位）和 I_P'（厚度差异部位），散射比为 n，透射射线总强度为 I，则推导可得式（7-1）。

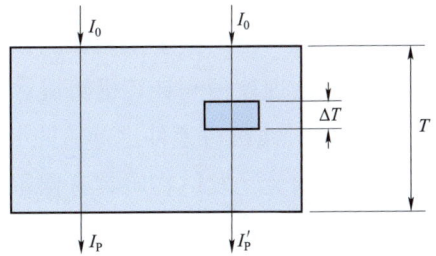

图 7-1　射线透照示意图

$$\left.\begin{array}{l} I=(1+n)I_0 e-\mu T \\ I_P=I_0 e-\mu T \\ I_P'=I_0 e-\mu(T-\Delta T)\mu'\Delta T \\ \Delta I = I_P' - I_P = I_0 e-\mu T\left[e(\mu-\mu')\Delta T - 1\right] \end{array}\right\} \quad (7-1)$$

ΔT 为厚度减少部位与其附件的射线强度差值，I 为背景辐射强度，取两者之比得到式（7-2）。

$$\frac{\Delta I}{I} = \frac{\mu \Delta T}{1+n} \qquad (7-2)$$

因为射线强度差异是底片产生对比度的根本原因，所以把 $\Delta I/I$ 称为主因对比度，由公式可以看出，影响主因对比度的因素是透照厚度、线衰减系数和散射比。

在 X 射线无损检测中，现阶段按读出方式可分为以下三类：

（1）胶片照相技术。把射线胶片放在适当的位置，使其在透过射线的作用下感光，经暗室显影、定影、水洗、干燥处理，再将干燥的底片放在观灯片上观察，根据底片上有缺陷部位与无缺陷部位图像质量的黑度差异，就可以判断出缺陷的种类、数量、大小等。影响射线照相质量的因素有射线透照工艺的选择、暗室处理技术、射线照相灵敏度等。

（2）计算机 X 射线照相（CR）技术。将 X 射线透过工件后的信息记录在成像板上，经激光扫面装置读取，再由计算机产生出数字化图像的技术。整个系统由 X 射线机、成像板、激光扫面议、数字图像处理软件和计算机组成。

（3）X 射线实时成像检测（DR）技术。指 X 射线在曝光的同时即可观察到所产生的图像的检测技术。X 射线透过工件后，被图像采集器接收，图像采集器将采集到的数字信号转换为数字图像，经计算机处理后，还原在显示器屏幕上。图像采集速度要求能够达到 25 帧/s（PLA 制度）或 30 帧/s（NTSC 制）。

电气设备的 X 射线成像检测绝大部分为被检测物体内部结构的成像，现场设备复杂，照相工艺确定困难，因此采用胶片照相技术效率低下无法满足现场检测需求，以下着重介绍 CR 技术与 DR 技术。

2. 计算机 X 射线照相（CR）检测技术

CR 技术是指将 X 射线透过工件后的信息记录在成像板上，经激光扫描装置读取，再由计算机产生出数字化图像的技术。整个系统由 X 射线机、成像板、激光扫描仪、数字图像处理软件和计算机组成。

用 X 射线机对工件进行透照并使暗盒内的成像板曝光，射线穿过工件到达成像板，成像板上的荧光发射物质具有保留潜在图像信息的能力，即形成潜影。成像板上的潜影是由荧光物质在较高能带俘获的电子形成光激发射荧光中心构成的，在激光照射下，光激发射荧光中心的电子将返回它们的初始能级，并以发射可见光的形式输出能量。所发生的可见光强度与原来接收的射线剂量成正比例。因此，可用激光扫描仪逐点进行扫描，将存储在成像板上的射线影像转换为可见光信号，通过具有光电倍增和模拟转换功能的激光扫描仪将其转换为数字信号存入计算机中。激光扫描读出图像的速度对于 100mm × 420mm 的成像板，完成扫描读出过程不超过 1min。

X 射线数字成像系统原理如图 7-2 所示。

数字信号被计算机重建为可视影像在显示器上显示，根据需要对图像进行数字处理。在完成对影像的读取后，可对成像板上的残留信号进行消影处理，为下次检测做好准备，成像板的寿命可达数千次。

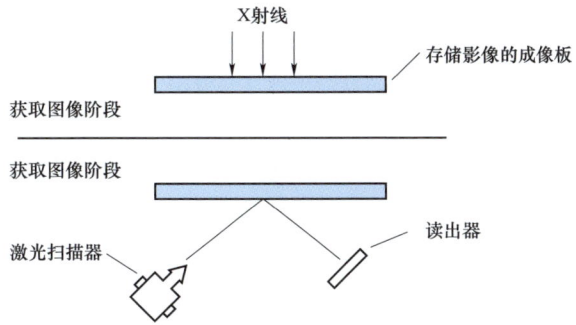

图 7-2　X 射线数字成像系统原理示意图

3. X 射线实时成像（DR）检测技术

DR 技术是近几年发展起来的全新数字化成像技术，在两次照相之间不需要更换成像板，数据的采集仅仅需要几秒钟就可以观察到图像，但数字平板不能进行分割和弯曲。整个系统由 X 射线机、数字平板、数字图像处理软件和计算机组成。

DR 技术一般包括非晶硅、非晶硒和 CMOS 三种。现在电网 X 射线检测中一般用到的是非晶硅平板技术。

（1）非晶硅数字平板技术。非晶硅数字平板结构是由玻璃衬底的非结晶列板，表面涂有闪烁体（碘化铯），其下方是按阵列方式排列的薄膜晶体管电路（TFT）。TFT 像素单元的大小直接影响图像的空间分辨率，每一个单元具有电荷接受电极信号，存储电容与信号传输器，通过数据网线与扫描电路连接。非晶硅数字平板成像原理可称为间接成像，X 射线首先撞击其板上的闪烁层，该闪烁层以与所撞击的射线能量成正比的关系发出光电子，这些光电子被下层的硅光电二极管采集到，并且将它们转换成电荷，存储于 TFT 内的电容器中，所存的电容与其后产生的影像黑度成正比。扫描控制器读取电路由光电信号转换为数字信号，数据经处理后获得的数字化图像在计算机上显示。

（2）非晶硒数字平板技术。非晶硒数字平板成像原理可称为直接成像，非晶硒数字平板结构与非晶硅不同，其表面直接用硒涂层，当 X 射线撞击到硒层时，硒层直接将 X 射线转化成电流，存储于 TFT 内的电容器中，所存的电容与其后产生的影像黑度成正比。扫描控制器读取电路将光电信号转换为数字信号，数据经处理后获得的数字化图像在计算机上显示。

（3）CMOS 数字平板技术。CMOS 数字化平板是扫描式图像接收板，也是直接成像技术的一种，由集成的 CMOS 记忆芯片构成，是互补金属氧化物硅半导体。CMOS 数字平板技术是把所有的电子控制和放大电路放置于一个图像探头上，其内部有一个类似于目前的扫描仪的移动系统，采用精确的螺纹螺杆技术转动。

4. X 射线机

X 射线机是产生 X 光的设备，GIS 带电检测一般是采用便携式 X 射线机，其特点是体积小、质量轻、适用于高空和野外作业。便携式 X 射线机采用结构简单的整流电路，X 射线管和高压发生部分共同装在射线机头内，控制箱通过一根多芯的低压电缆将其连接在仪器上。便携式 X 射线机由四部分组成，即高压部分、冷却部分、保护部分和控制部分。电网 X 射线的带电检测使用的便携式 X 射线机，应选择的焦点尺寸不应大于 3mm×3mm。选择脉冲式射线机也开始使用到电网的现场检测中，其主要部分射线管包括射线管腔、冷阴极射线管、放电器、高电压电容器和变压器，射线管头上准直管发射的射线视野范围一般为 40°。

5. GIS 的 X 射线成像方法

不同电压等级的 GIS 管径不同，当 GIS 管径大于 X 成像板的最大成像长度时，一个被检测部件的检测无法通过一次成像完成。

GIS 内部结构复杂，单一角度上存在多个部件重叠的情况，单一角度的成像容易造成影像叠加，同时一个角度的图像并不能呈现一个被检测部件的完整状态。

因此，在成像方法上需要采用多角度以及同一角度方向上的多次成像的方式，以获得一个被检测部件较为完整的 X 图像，便于对其进行状态分析。

一个典型的例子，对 GCB 设备进行检测时，需要正面、左偏移 30°～60°，右偏移 30°～60° 三个角度，每个角度垂直方向上上下各一次，一个 GCB 成像次数为六次。

多角度成像原理如图 7-3 所示，同一角度多次成像原理如图 7-4 所示。

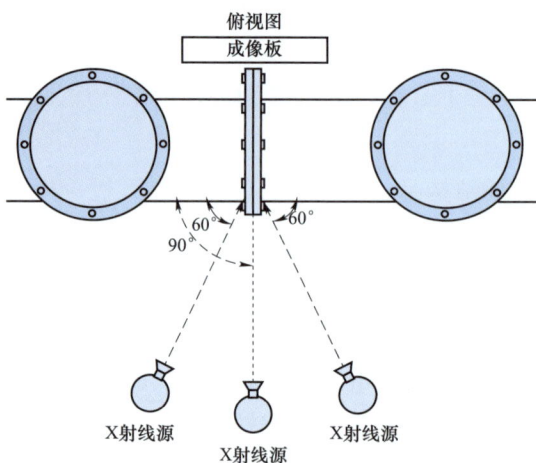

图 7-3　多角度成像示意图

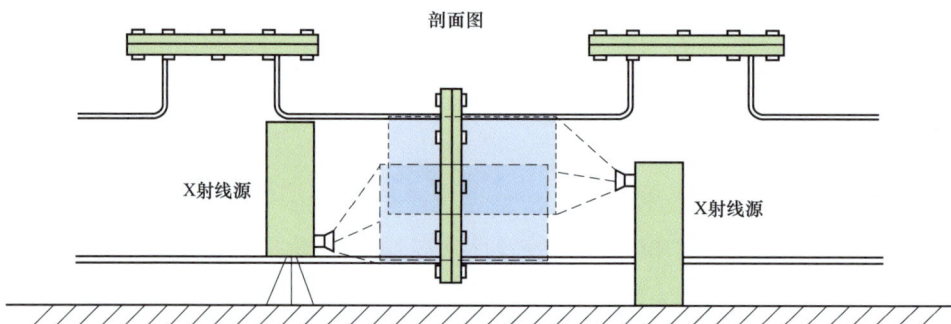

图 7-4　同一角度多次成像示意图

采集到 X 射线图谱后，根据检测仪配置的图像处理及智能分析系统进行整体放大、局部放大、窗宽窗位调节、图像旋转、图像变换、边缘检测等图像操作，提高 X 射线图像相对质量，便于检测人员对 X 射线图像进行观察和初步人工分析，做出最终判断。

三、X 射线影像质量的影响因素

如果工件中存在厚度差，那么射线穿透工件后，不同厚度部位透过射线的强度就不同，曝光后得到的影像不同部位就会产生不同的黑度，影像就是由不同黑度的阴影构成的，阴影和背景的黑度差称为影像的对比度，又叫做反差。影像的对比度越大，就越容易被观察和识别。

评价射线照相影像质量最重要的指标是射线照相灵敏度。所谓射线照相灵敏度是指在射线底片上可以识别的细小影像及观察到的最小尺寸。对于数字化 X 成像技术质量指标主要包括像素、灰度、图像分辨率、图像不清晰度和对比灵敏度。

1. 图像的构成要素

系统图像的构成要素包括像素和灰度。

像素是构成数字图像的最小组成单元和显示图像中可识别的最小几何尺寸。如果把数字图像放大许多倍，就会发现这些连续的图像其实是由许多小点组成，对于这幅图像来说，像素越多，单个像素的尺寸越小，图像的分辨率就越高。

像素的亮度称为灰度，其变化范围取决于模/数转换位数，用二进制数 bit 表示。如果是 8 位模/数转换，则灰度可分为 $2^8 = 256$ 个级别。现在 GIS 带电检测用的 CR 系统灰度能达到 16 位，DR 系统灰度能达到 14 位，随着技术的不断发展，灰度范围也会越来越大。

2. 图像的质量指标

X 射线数字成像系统质量的主要指标有三项，即图像分辨率、图像不清晰度和对比灵敏度。

（1）图像分辨率。图像分辨率又称为图像空间分辨率，是显示图像中两个相邻的细节的分辨能力，用每毫米范围内的可识别线对数表示，单位为 LP/mm。图像分辨率可采用线对测试卡测定，在显示屏上观察射线检测图像分辨率测试计的影像，观察到栅条刚好分离的一组线对，则该线对所对应的值即为图像分辨率。线对值越大，图像分辨率越高。

（2）图像不清晰度。图像不清晰度是评价图像清晰程度的物理量，一个明锐的边界成像后的影像会变得模糊，模糊区域的宽度（半影区）即为图像的不清晰度，单位为mm。影响突袭那个不清晰度的因素主要是几何不清晰度和荧光屏的固有不清晰度。

由于 X 射线管焦点有一定尺寸，所以透照工件时，工件表面轮廓或工件中的缺陷在成像板上的影像边缘会产生一定宽度的半影，这个半影宽度就是几何不清晰度。几何不清晰度与焦点尺寸、工件厚度、焦点至成像板表面的距离有关。固有不清晰度是由照射到成像板上射线的散射所产生的。

（3）对比灵敏度。对于灵敏度是影响中可识别的透照厚度百分比，即$\Delta T/T$。图像对比度C与主因对比度和亮度有关，如式（7-3）所示。

$$T\Delta C = \gamma \frac{\Delta B}{B} = \gamma \frac{-\mu \Delta T}{1+n} \qquad (7-3)$$

式中　　C——图像对比度；

B——亮度；

γ——灰度系数；

μ——射线的线衰减系数；

n——散射比；

T——透照厚度。

第二节　X射线现场检测

一、X射线检测基本要求

1. 人员技术要求

X射线检测是为保证电力安全生产的一项带电检测技术，要求从事该项工作的专业技术人员有一定的业务素质。

（1）检测人员应严格执行电力安全工作规程相关规定和要求，严格执行发电厂、变（配）电站巡视的要求。检测至少由两人进行，工作负责人应具备带电检测现场工作经验，熟悉并严格执行保证安全的组织措施、技术措施以及相关安全生产管理规定。

（2）检测人员应了解GIS的结构特点、工作原理、运行状况和导致设备故障分析的基本知识；应熟悉X射线检测的基本原理、诊断程序和缺陷定性的方法，了解特X射线检测仪的工作原理、技术参数和性能，掌握X射线检测仪的操作程序和使用方法；应熟悉标准化作业流程，接受过GIS X射线检测的培训，具备现场测试能力。

（3）雷雨、风暴等恶劣天气下应暂停检测工作。

（4）确保操作人员及测试仪器与电力设备的高压部分保持足够的安全距离，完善个人劳动保护用品及防护措施，防止感应电触电伤人。

（5）检测过程中应避开设备防爆口或压力释放口。

（6）测试现场出现较严重的明显异常情况时（如异音、电压波动、系统接地等），应立即停止测试工作并撤离现场。

（7）检测人员应避开X射线检测设备的辐射范围，做好安全防护。

（8）检测工作结束后，应清理现场并经确认后方可撤离，且工作结束后禁止工作班成员再次返回工作现场。若确需返回工作现场时，应按照运行工况重新履行工作许可手续，并完善保障安全的组织措施、技术措施。

2. 被试设备要求

被测试设备应具备以下五方面条件：

（1）GIS 气体为额定压力，气体密度继电器、设备操动机构、继电保护装置等应无影响检测安全的遗留缺陷，设备电压、电流值稳定。

（2）被试设备金属外壳应可靠接地，且外观无异常。

（3）金属外壳应清洁、无覆冰等。

（4）检测期间，运行设备无任何操作，在 GIS 上无其他外部作业。

（5）进行室外检测时，应避免雨、雪、雾、露等湿度大于 80%的天气条件对 GIS 外壳表面的影响。

二、X 射线检测步骤

根据检测设备的情况进行了解统计，了解待检测设备的大小、直径、材质、现场设备的空间布局，根据不同的电力设备，配置不同的 X 射线源、成像器及工装配置，再通过检测设备的数量及现场位置情况估算出工作量；根据工作量安排现场检测，现场图像处理，完成对疑似缺陷的分析、复核、确认，出具检测报告，并根据实际情况对缺陷处理给予决策建议。具体流程如图 7-5 所示。

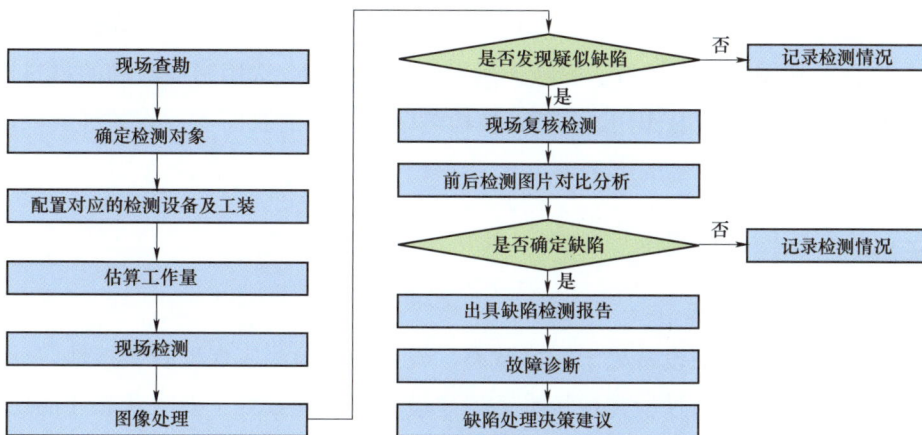

图 7-5　X 射线检测流程示意图

GIS 带电设备的检测主要是利用 CR、DR 技术，针对设备内部结构的检测，如内部异物碎屑、触头烧损、螺栓松动、结合不到位、结构变形、绝缘老化、材质材料等部件的检测和诊断等。虽说 CR、DR 成像技术的宽容度范围远远超过胶片的性能，细微结构表现出色，成像质量高，还具有较高的曝光宽容度及利用专用软件以改善图像质量等优点，但这些都还需要在拍摄出合格的图像基础上才能进行。因此，射线透照过程，包括电压、曝光量、滤板厚度、焦距、透照方向等方面主要遵循以下原则：

（1）电压的选择。对 X 射线来说，穿透力取决于管电压，管电压越高则射线的质越硬，在试件中的衰减系数越小，穿透厚度越大。从灵敏度角度考虑 X 射线的选择的原则是，在保证穿透力的前提下，选择能量较低的 X 射线，这是因为选择能量较低的射线可以获得较高的对比度。

（2）曝光量的选择。曝光量是射线透照的一个重要参数，是指管电流与照射时间的乘积。曝光量不止影响影像的黑度，还影响影像的对比度以及信噪比，从而影响影像可记录的最小细节尺寸。为保证射线照相质量，曝光量应不低于某一最小值。在电网设备带电检测时，建议在曝光量不变的前提下，适当提高管电压值，这样首先可以减少厚度大部位的散射比，降低边蚀效应，其次在规定的黑度范围内还可以获得更大的透照厚度的宽容度，但管电压也不能任意提高。

（3）焦距的选择。焦距对射线照相灵敏度的影响主要表现在几何不清晰度上，焦距越大，几何不清晰度越小，成像板上的影像越清晰，在保证影像质量的前提下，尽量选择较大焦距。但也不能提高焦距太大，造成曝光量加大，增加不必要的散射。

（4）透照方向的选择。射线透照时射线束中心应垂直指向透照区域中心，但在 GIS 射线检测时，由于现场工作场所的限制，很多时候现场架设 X 射线机非常困难，使射线束中心不能垂直指向透照区域中心，这样造成透照的影像随透照方向的不同内部部件有不同的变形，在对影像进行分析时应注意判断。

另外，在透照工艺上还需要注意要选择合适的射线能量、选用小焦点或微焦点的 X 射线源、选择最佳图像放大倍数、屏蔽无用射线和散射线、选用密度数高的材料过滤软射线以减少低能射线的散射作用、对工件被检测区域以外的表面实行有效屏蔽以尽量减少散射线的影响和干扰信号的影响等。

三、X 射线检测注意事项

1. 设备操作安全要求

（1）操作人员应保证设备处于完好状态，设备用于检测应保证安全接地。

（2）设备使用前应经过检定或校准，确定设备各项参数处于要求状态才能使用。

（3）操作人员应熟悉设备各项性能，能够熟练操作设备。

（4）X 射线探伤设备应编制设备操作规程，操作人员要按设备操作规程进行操作。

（5）现场操作应保证环境条件符合设备要求，当现场天气较差时，应采取措施保证设备能在安全条件下工作。严禁在不符合要求的环境中开机工作，以免发生危险。

（6）设备使用完毕应将各个开关归于零位，及时切断设备电源。操作人员应将设备清理干净。

2. 设备防护

（1）根据监测设备不同自动分配合适的射线计量选定可穿透的最小管电压，并根据射线机和成像板之间的相对位置自动计算射线发散的角度，最大限度的减少辐射能量。

（2）在射线机加装 X 射线发散限制装置、在成像板背部增加防护铅板，减少射线泄漏。

3. 个人防护

（1）为 X 射线操作人员配备防护手套及个人剂量监测仪。个人剂量监测仪应按期进行检定或校准，以保证准确有效。

（2）配置冗余防护装备，以便突发事件时除操作人员以外的其他应急处置人员使用。

（3）需运行 X 射线探伤设备时，应告知其他人员离开探伤工作区域，操作期间如在室内应关闭探伤室门。工作区域外应设置"当心电离辐射""无关人员禁止入内"的警示牌和安全告知板。

第三节　典型缺陷的 X 射线检测案例

一、内部异物

GIS 内部异物类缺陷主要来源于设备安装、检修等情况下产生的缺陷。该类缺陷包括工具、装配件（螺栓、螺母和垫片）、干燥剂散落三类典型缺陷。

1. 工具异物类缺陷

本缺陷案例是在 GIS 罐体底部放置直径为 4mm 的扳手，用于模拟 GIS 内部工具异物类缺陷，工具布置情况和 X 射线透照图片如图 7-6 所示。

图 7-6　GIS 内部遗留扳手缺陷图谱

从图中可以清楚地看出 GIS 内部工具扳手的情况，从而验证了 X 射线数字成像技术对 GIS 内部工具异物进行可视化无损检测的可行性。

2. 装配件异物类缺陷

本缺陷案例是在 GIS 罐体底部摆放了 2 个金属垫片、1 个螺栓、1 个螺母、1 个弹片，用于模拟装配件异物类缺陷，装配件布置情况和 X 射线透照图片如图 7-7 所示。

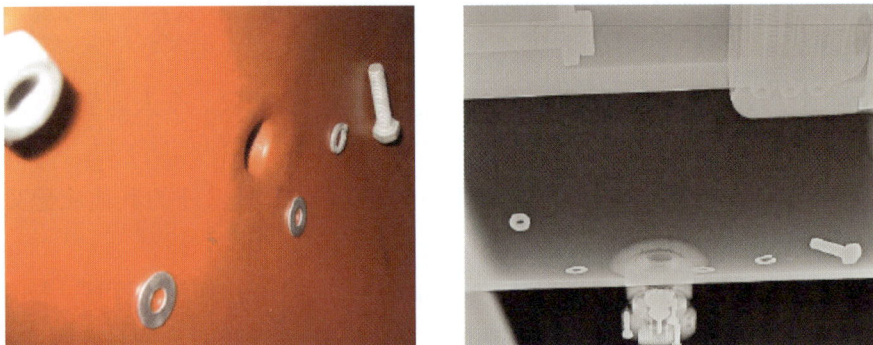

图 7-7　GIS 内部遗留螺栓及垫片等异物缺陷图谱

从图中可以清楚地看出装配件在 GIS 内部分布情况，从而验证了 X 射线数字成像技术对 GIS 内部装配件异物进行可视化无损检测的可行性。

3. 干燥剂散落异物类缺陷

本缺陷案例是在 GIS 罐体底部一些干燥剂颗粒，用于模拟干燥剂散落异物类缺陷，干燥剂布置情况和 X 射线透照图片如图 7-8 所示。

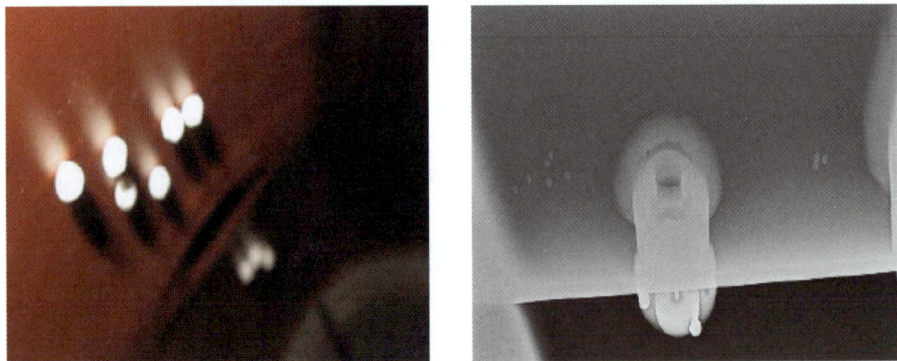

图 7-8　GIS 内部遗留散落干燥剂异物缺陷图谱

从图中可以清楚地看出干燥剂在 GIS 内部分布情况，从而验证了 X 射线数字成像技术对 GIS 内部干燥剂异物进行可视化无损检测的可行性。

二、内部装配工艺不满足要求

装配类缺陷来源于安装错位、装配划伤、运行震动松动等情况下产生的缺陷。该类缺陷包括螺丝未拧紧、屏蔽罩松动、隔离开关合闸不到位、隔离开关分闸不到位 4 种典型缺陷。

1. 螺丝未拧紧缺陷

本缺陷案例是对 GIS 内部的螺丝进行松动，用于模拟 GIS 内部螺丝未拧紧缺陷，螺丝未拧紧和螺丝拧紧的 X 射线透照图片分别如图 7-9 所示。

图 7-9　GIS 内部螺丝未拧紧缺陷图谱（右图为未拧紧状态）

从图中对比可以清楚地看出 GIS 内部螺丝未拧紧的程度，从而验证了 X 射线数字成像技术对 GIS 内部螺丝未拧紧情况进行可视化无损检测的可行性。

2. 屏蔽罩松动缺陷

本缺陷案例是将 GIS 内部的屏蔽罩进行松动，用于模拟 GIS 内部屏蔽罩松动缺陷，屏蔽罩松动和未松动的 X 射线透照图片如图 7-10 所示。

图 7-10　GIS 内部屏蔽罩松动缺陷图谱（左图为屏蔽罩松动状态）

从图中对比可以清楚地看出 GIS 内部屏蔽罩松动的程度，从而验证了 X 射线数字成像技术对 GIS 内部屏蔽罩松动进行可视化无损检测的可行性。

3. 隔离开关合闸不到位缺陷

本缺陷案例是将 GIS 设备隔离开关合闸处于不到位状态，用于模拟 GIS 隔离开关合闸不到位的缺陷，隔离开关合闸不到位和到位的 X 射线透照图片如图 7-11 所示。

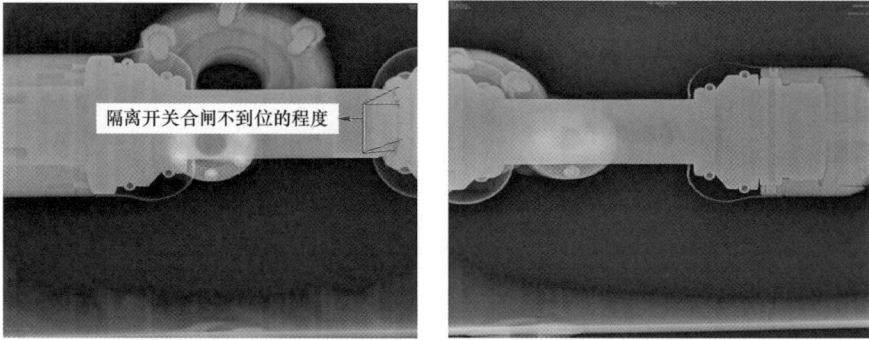

图 7-11　GIS 内部隔离开关合闸不到位缺陷图谱

从图中对比可以清楚地看出 GIS 隔离开关合闸不到位的程度，从而验证了 X 射线数字成像技术对 GIS 隔离开关合闸不到位进行可视化无损检测的可行性。

4. 隔离开关分闸不到位缺陷的可视化无损检测

本缺陷案例是将 GIS 隔离开关分闸处于不到位状态，用于模拟 GIS 隔离开关分闸不到位的缺陷，隔离开关分闸不到位和到位的 X 射线透照图片如图 7-12 所示。

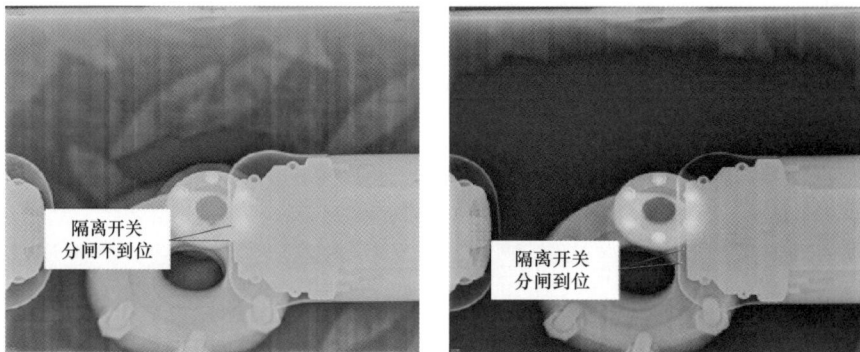

图 7-12　GIS 内部隔离开关分闸不到位缺陷图谱

从图中对比可以清楚地看出 GIS 隔离开关分闸到位与不到位的区别，从而验证了 X 射线数字成像技术对 GIS 隔离开关分闸不到位进行可视化无损检测的可行性。

三、材料缺陷

材料类缺陷来源于不正确安装施加外力、公差配合偏差施加外力、运行振动及磨损情况下产生的缺陷。该类缺陷包括触头附近腔体内部散落的金属颗粒（铜金属颗粒）、支撑绝缘子内部气泡、操作绝缘杆松脱 3 种典型缺陷。

1. 铜金属颗粒缺陷的可视化无损检测

本缺陷案例是触头附近腔体内部散落的金属颗粒，用于模拟 GIS 实际运行中因摩擦等原因造成的金属铜屑掉落罐底的缺陷。铜金属颗粒的大小为 0.1～0.3mm。为了防止铜屑清理不干净造成试验数据错误，本缺陷利用两层纸将被布置的铜屑进行包装固定。铜金属颗粒布置情况和 X 射线透照图片如图 7-13 所示。

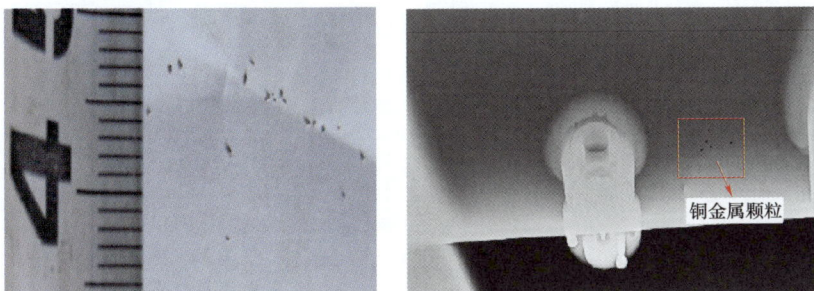

图 7-13　GIS 内部金属颗粒缺陷图谱

从图中可以清楚地看出 GIS 内部放置的铜金属颗粒，从而验证了 X 射线数字成像技术对 GIS 触头附近腔体内部散落的金属颗粒进行可视化无损检测的可行性。

2. 支撑绝缘子内部气泡缺陷

本缺陷案例是用于对支撑绝缘子内部气泡缺陷的验证，其布置情况和 X 射线透照图片如图 7-14 所示。

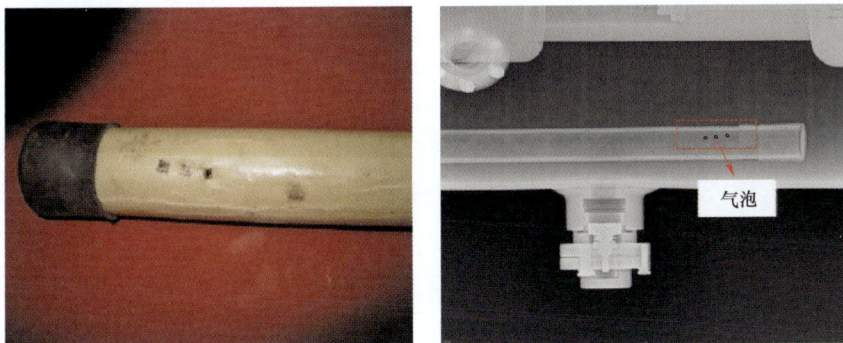

图 7-14　GIS 内部支撑绝缘子气隙缺陷图谱

从图中可以清楚地看出支撑绝缘子内部气泡的位置，从而验证了 X 射线数字成像技术对支撑绝缘子内部气泡缺陷进行可视化无损检测的可行性。

3. 操作绝缘杆松脱缺陷的可视化无损检测

本缺陷案例是用于对操作绝缘杆松脱缺陷的验证，其布置情况和 X 射线透照图片如图 7-15 所示。

从图中可以清楚地看出操作绝缘杆松脱和其螺丝并未拧紧的情况，从而验证了 X 射线数字成像技术对操作绝缘杆松脱缺陷进行可视化无损检测的可行性。

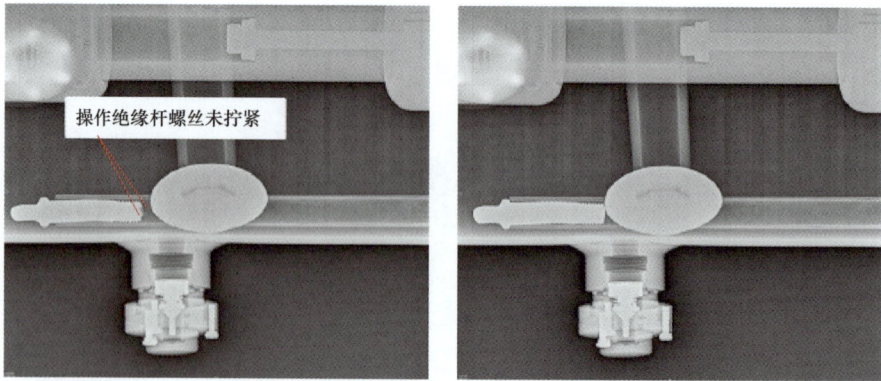

图 7-15　GIS 内部操作绝缘杆松脱缺陷图谱

第四节　数据记录与检测报告

　　X 射线检测过程中，应详细记录检测环境条件（包括环境温度、相对湿度等）、被测设备信息（包括被测设备所在变电站及电压等级、被测设备运行双重名称、被测设备铭牌资料等）、检测仪器信息（包括检测仪器名称、检测仪器型号等）、检测日期、检测人员、原始检测数据（包括每个测试位置所对应的测试数据和图谱编号、检测异常情况等）。

　　检测完毕后，根据检测情况出具检测报告，检测报告应能够准确、全面反映当次检测的对象、条件、方法、仪器和检测的结果。对于存在异常的疑似缺陷设备应进行复测并出具异常分析报告。必要时，可结合其他多种带电检测手段，对检测数据进行全方位综合分析。

　　原始数据记录、检测报告、异常分析报告应归类存档，以便纵向比较分析，判断设备状态参量发展趋势。

第 八 章

机 械 振 动 检 测

早期针对 GIS 振动信号的研究，主要集中在对其放电性故障的研究上，主要是研究如何通过振动信号进行微粒等放电性故障的检测，其检测频段还是集中在超声频段。而近年来则开始进行通过振动信号的测量来进行其机械故障的检测，特别是特高压工程的建设，加快了对 GIS 振动故障的检测研究。

随着气体绝缘开关运行可靠性高越来越被广泛地应用，对运行的电力设备来说，特别是 GIS 类设备，机械振动是无可避免的。明确机械振动是否正常至关重要，通过机械振动信号的分析反映出电力设备存在的异常状态。为了保证其安全运行，有必要对其内部潜伏性故障的预测方法开展研究。目前，检测 GIS 放电性故障的方法很多。但在实际运行中，除了放电性故障之外，机械性故障是 GIS 的主要故障类型。中国电力科学研究院等单位的研究结果表明，GIS 的异常振动对设备危害很大，会损害绝缘子和绝缘支柱，影响外壳接地点的牢固，长期振动可能致使螺栓松动，引发气体泄漏、压力降低，从而导致绝缘事故等。因此，加强对 GIS 机械性故障的检测，是保证 GIS 安全运行的重要手段。

第一节 机 械 振 动 检 测 原 理

一、机械振动原理

振动就是按照一定周期时间进行不断往复的运动，研究振动理论相当于研究物体的运动规律与其相对应的作用力的关系。振动系统都十分复杂，因此一般对振动系统分析都要进行简化，在此基础上建立数学或物理模型，图 8-1 所示的弹簧质量系统中重物的运动就是振动的一个典型例子。

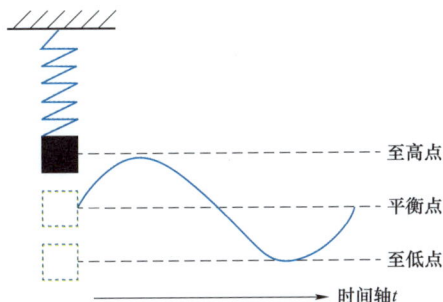

图 8-1 重物随时间的的运动

图 8-1 中重物的振动就是一个循环连续的运动过程，重物受到弹簧力的作用上下移动，如首先由平衡位置移到至高点位置，随后再经过平衡位置移到至低点位置，再从至低点位置回到平衡位置，重物做这种运动往复一次则称为一个运动周期。这是简单的简谐运动，一般振动波形按照正弦曲线变化。简谐运动是机械振动的基础，当设备部件位移随时间变化曲线为正弦（或余弦）函数，则其做简谐运动，表达如式（8-1）。

$$x = A\sin(\omega t + \varphi) \tag{8-1}$$

式中　　x ——物体相对位移，mm；

　　　　A ——振幅，表示物体偏离平衡位置的最大距离，mm；

　　　　ω ——振动角频率，表示 $2\pi s$ 内的振动次数；

　　　　φ ——振动初相位角，表示振动物体的初始位置，rad。

式（8-1）中机械设备振动时会伴随着简谐运动的发生，振幅就表示着振动的强弱，角速度就表示着振动的快慢。若做简谐运动的物体测出 A、ω、φ，便可求出位移 x，因此机械振动特性取决于 A、ω、φ 这三个基本参数，这三个参数在设备机械故障诊断中有着重要的意义。

简谐振动分周期振动和非周期振动，按照一定时间 T 往复振动的过程就是周期振动，但在实际 GIS 运行中，由于内部组成部件比较复杂，GIS 振动波形往往都是比较复杂的非周期振动的波形，有的复杂振动就是由简谐振动叠加而成的，这样的波形一般不具有周期性。根据振动规律性质也可以分为确定性振动和随机振动。有特定的数学模型表示的机械振动是确定性振动，波形形状保持不变，自变量与因变量有线性关系，随机振动没有固定的数学模型，是一个随机性的振动，不可预知，也不会重复，基于这种随机振动需要运用概率统计的原理来进行描述。

在工程技术中振动是非常普遍的，GIS 如果发生异常振动则会产生异响或者输出的振动信号与正常振动信号差异明显，所以基于振动原理研究 GIS 机械故障检测等问题是切实可行的。电力系统中电气设备在运行中都会有不同程度的振动情况，常遇到的振动多为周期振动、准周期振动等，以及其中几种振动的组合。周期振动和准周期振动属确定性振动范围，机械设备振动会影响自身的工作效率，振动发生会给机械部件造成不同程度的磨损，当设备发生严重故障时，振动会更加剧烈，磨损程度增大，加快设备的损坏。

据统计，有 60% 以上的机械故障都是通过振动反映出来的，只要采集该时间段的机械振动信号进行频谱和波形分析，就可以对 GIS 的故障类型及损坏程度进行推断和处理，GIS 并不需要拆机或者停用。目前针对 GIS 机械故障采用振动检测技术的方法，原理简单，但仍处于发展阶段，有待进一步研究。

二、机械振动特性参数的选取

在机械运动中通常用来描述振动响应的三个参数是位移、速度和加速度。

振动的物体移动的总距离称为振动的位移，简谐运动中位移就是物体上下运动的距离，在实际工程 GIS 运行中，当内部断路器分合闸时，位移就是合闸之前稳定状态与合闸后处于稳定状态的位移差。位移分为静态位移和动态位移，电力系统中设备通常保持运行状态，对其振动检测的通常都是动态位移量。

振动速度是指物体在振动的运动形式中、运动快慢的程度。在完成一次往复运动的过程中，物体在不同时刻、不同位置的振动速度是不一样的。通常在初始时刻动能为零、速度为零，在平衡位置动能最大、速度最大，当改变运动方向时，动能再次为零、速度为零。也就是说，完成一次往复运动，振动速度要经历变大、变小、再变大、再变小的过程。

振动加速度是指物体在振动的运动形式中，振动速度改变快慢的程度。在完成一次往复运动的过程中，振动加速度在振动速度为零时达到最大，在平衡位置等于零。当物体做简谐振动时，三个参数之间的变化如图 8-2 所示。

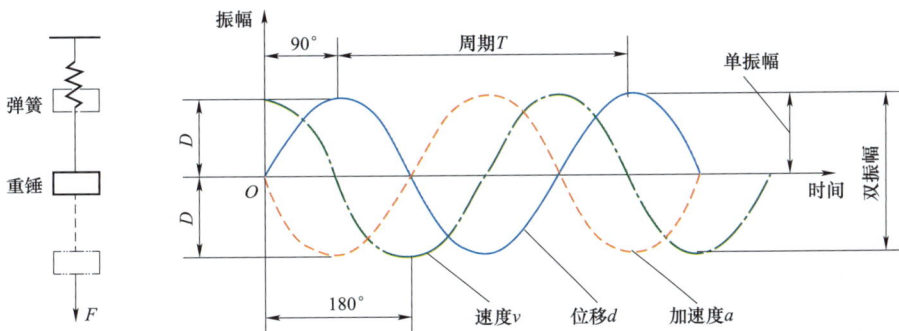

图 8-2　重物随时间的运动

速度对时间的结果是位移，加速度对时间的结果是速度，因此三要素之间是可以互相推导的。而在实际检测中，并没有直接测量振动位移、速度和加速度的工具，而是根据信号反馈的频率进行测定。

振动频率表示振动物体在单位时间内振动次数的多少。频率越高，振动次数越大，速度与加速度越大。一般振动位移反映的是振动强度的大小，振动速度反映的是能量的大小，振动加速度反映了振动冲击力的大小。GIS 运行中发生机械故障时，比如触头接触不良，螺栓松动等，最主要的问题是振动冲击力过大。一般在 GIS 机械振动故障检测技术研究中采用压电式加速度传感器来进行测量。

三、GIS 机械振动状态检测系统

GIS 机械状态检测系统由传感器、信号处理单元、信号采集单元及上位机组成，整体结构如图 8-3 所示。

　　传感器是采集 GIS 故障振动信号的核心部件，其优劣决定了整个测试系统测试结果的有效性。GIS 外壳表明的振动信号为电气机械振动信号，初步估计振动频宽为 10～2000Hz，振幅在 0.5～50μm 范围。可供选择的振动传感器由加速度传感器、速度传感器和位移传感器。表 8-1 列出了各种振动传感器的性能比较。

图 8-3　GIS 振动测试系统结构图

表 8-1　　　　　　　　　　　　　各种振动传感器的比较

特点	位移传感器	速度传感器	加速度传感器
频率响应	0～10 000Hz	10～1000Hz	0.3～10 000Hz
使用温度	-40～177℃	-40～120℃	-50～120℃
优点	灵敏度高、结构简单、不受油污等介质的影响，可进行非接触测量	灵敏度高、输出阻抗低、便于测量	体积小、重量轻、稳定性高、工作频率范围宽，可在强磁场、大电流、潮湿恶劣环境下工作

　　位移传感器主要是电涡流式的，结构图如图 8-4 所示。其工作原理是由前置放大器的高频振荡器向传感器的头部线圈供给一个高频电流，线圈所产生的交变磁场在具有铁磁性能的被测物体表面就会产生涡流，由该电涡流所产生的磁场在方向上与传感器的磁场相反，因而对传感器具有阻抗。改变传感器与被测物体的表面间隙大小，就可以改变电涡流的强弱和阻抗大小，结果表明涡流的强弱与间隙大小成正比，因而传感器的输出与振动位移成正比。由于该传感器采用电磁感应原理设计，在电磁干扰较弱的环境下可有效使用，但将要测试的对象是变电站现场运行的 GIS 时，现场的电磁干扰必然非常严重；另外电涡流式位移传感器一般都是采取非接触的方式测量振动信号，而不适合直接粘贴在 GIS 的外壳上，所以测量系统中不能选用位移传感器来测量 GIS 外壳的振动信号。

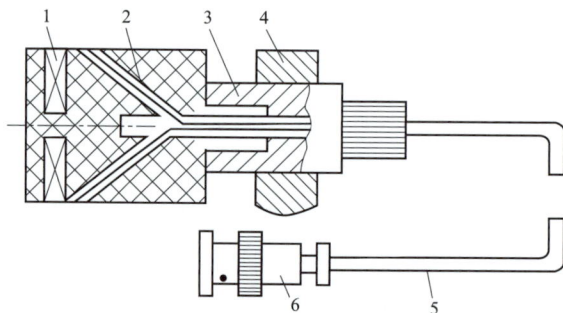
图 8-4　电涡流式位移传感器的结构图
1—线圈；2—框架；3—框架衬套；4—支座；5—电缆；6—插头

速度传感器主要是电动式的，结构如图 8-5 所示。其工作原理是固定在壳体内部的永久磁铁，随着外壳与振动物体一起振动，同时，由于内部弹簧固定着的线圈不能与磁体同步运动，磁铁的磁力线被线圈以一定的速度切割，从而产生电动势输出，该传感器的输出电压与被测物体的振动速度成正比。虽然这种传感器的灵敏度高，输出为电压信号，后续的放大器设计起来比较容易。但它的频宽主要集中在 1000Hz 以内，也不能满足测量 GIS 外壳振动的要求。

加速度传感器从大类上可分为压电式、应变式和伺服加速度传感器。伺服加速度传感器低频响应非常好（可从 DC 开始），但频宽窄（<500Hz），显然不适于变压器油箱表面振动的测量。压电式与应变式相比较，压电式加速度传感器应用更为广泛，就自重来说，小到 2g，大到 500g，安装谐振频率比较高，有足够的频宽，使用者可以根据测量要求合理选择。

综合上述因素，GIS 振动测量系统中的振动传感器选用压电式加速度传感器。压电式加速度传感器的基本工作原理是压电效应。石英晶体、压电陶瓷和一些塑料等材料，当沿着一定方向对其施力使其变形时内部就会产生极化现象，同时在它的两个表明上产生符号相反的电荷；当外力去掉后，又会重新恢复不带电的状态，这种现象称为压电效应。

压电式加速度传感器结构一般有纵向效应型、横向效应型和剪切效应型三种。纵向效应是最常见的一种结构，如图 8-6 所示。压电片和质量块为环形，通过弹簧对质量块预先加载，使之压紧在压电片上。测量时将传感器基座与被测对象牢牢地紧固在一起，输出信号由连接电极的引出线引出。

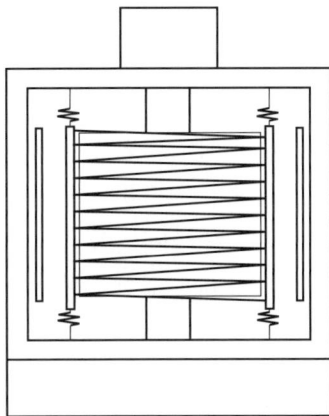

图 8-5　电动式速度传感器的结构图示意图　　图 8-6　纵向效应型加速度传感器的截面图

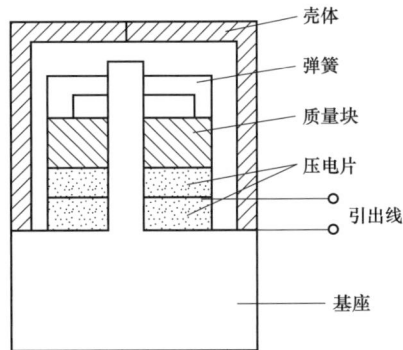

当传感器感受振动时，因为质量块相对被测体质量小得多，因此质量块感受与传感器基座相同的振动，并受到与加速度方向相反的惯性力，此力为 $F=ma$。同时惯性力作用在压电片上产生的电荷为：

$$q = d_{33}F = d_{33}ma \qquad (8-2)$$

式中　d_{33}——压电片的压电系数。

式（8-2）表明电荷量直接反映加速度大小，它的灵敏度与压电材料的压电系数和质量块质量有关。为了提高传感器灵敏度，一般选择压电系数大的压电陶瓷片。若增加质量块质量会影响被测振动，同时会降低振动系统的固有频率，因此一般不用增加质量的方法来提高传感器灵敏度。

最后系统通过压电式加速度传感器完成信号采集后需要将信号进行滤波、放大等。系统采用小波分析法和 FFT 方法，对采集到的机械振动信号的频谱特性和传播特性进行分析。通过实验室模拟现场常见的 GIS 机械故障类型获取相应的故障振动信号，以及利用测试仪器的自学习功能将现场测试结果写入专家库，初步形成专家诊断系统，使得测试仪器最终实现在现场测试后给出设备的相应的故障类型。

四、GIS 机械振动诊断技术

GIS 机械故障诊断领域相关的技术和方法主要有人工神经网络（Neural Network）、模糊数学（Fuzzy）、信息融合（Information Fusion）、灰色系统理论（Gray System）、专家系统（Expert System）。

1. 人工神经网络

人工神经网络理论的发展与人脑的认识过程是相互联系的，其研究可以追溯到 20 世纪 40 年代，并经历了促使发展期、萧条期、复苏发展期三个阶段，涉及计算机科学、控制论、信息论、人工智能、微电子学、心理学、认知学、物理学与数学等学科。神经网络的计算模型来自于生物神经系统，因此其本身就具备智能性。神经网络的主要特征包括大规模模拟并行处理、信息的分布式储存、全局集体作用、高度的容错性和鲁棒性、自组织、自学习及实时处理等。

近年来，由于神经网络理论的高速发展和深入应用，模式识别和人工智能等技术正逐渐迈向一个新的高度。在模式识别中，神经网络的应用带来新的聚类、无监督学习和分类等算法以及基于神经网络的自适应模式识别技术。目前，神经网络及其与相关领域结合产生的最新成果已在故障诊断领域中得到了广泛应用，并日趋成熟，各方面的资料和论述都很丰富。

2. 模糊数学

1965 年，美国加利福尼亚大学数学教授扎德（L·AZadeh）首次提出模糊集合（Fuzzy Set）的概念，从而开创了模糊数学的研究历史。这一创举使得事物的模糊性得到一种不模糊的数学描述方法。模糊集合的基本思想是把经典集合中的绝对隶属关系模糊化，用隶属函数来表示。在此基础上，又建立起模糊关系、模糊向量、贴近度与相似度、模糊运算等概念。经过 30 多年的研究和应用，模糊数学正以其对客观事物特有描述方式和由此带来的优越性，越来越受到世界范围的重视。

3. 信息融合

信息融合亦称数据融合，是 20 世纪 70 年代末形成并发展起来的一门实用的自动化信息综合处理技术，它充分利用多源数据的互补性和电子计算机的高速运算与智能处理来提高结果信息的质量。按照信息融合系统中数据抽象的层次，信息融合可以分为像素级融合、特征级融合以及决策级融合三级。对于故障诊断领域的应用而言，主要采用的是特征级融合与决策级融合。

信息融合技术首先出现在军事领域，并且得到了广泛的应用，成为诸如 C3I 系统、综合战场评估系统等先进军事指挥系统的核心技术之一。另外，信息融合技术也已经推广到诸如自动控制、航空交通管制以及医疗诊断等民用领域，并取得了丰硕的成果。

4. 灰色系统理论

灰色系统理论是我国著名学者邓聚龙教授于 1982 年提出并创立的一门实用横断学科，它以"部分信息已知，部分信息未知"的"小样本""贫信息"不确定性系统为研究对象，主要通过对已知信息的生成、开发，提取有价值的信息，实现对系统运行行为的正确认识和有效控制。在当前社会的各个研究领域，前述的"小样本""贫信息"不确定系统是普遍存在的，然而实践证明模糊数学和概率统计这两种常用的不确定系统分析方法不能解决这种特殊的不确定性系统的分析问题，因此，这一新理论具有十分广阔的应用与发展前景。

5. 专家系统

专家系统是 20 世纪 60 年代初产生的一门使用学科，目前是人工智能技术中较活跃、较成功的领域之一。它是一个由知识库、推理机和人机接口等三个主要部分组成的计算机软件系统，其威力在于所拥有的专家知识和运用知识解题的推理机制。由于建立在冯·诺伊曼计算机体系机构之上，专家系统在其发展过程中逐渐暴露出知识获取的"瓶颈"、知识"窄台阶"、推理组合爆炸和无穷递归、智能水平低、系统层次少和在线实用性差等问题。随着相关科学和技术的发展与渗透，专家系统的理论与方法也有了很大改进，上述问题逐渐有所缓解或消除。

第二节 机械振动现场检测

一、机械振动检测基本要求

1. 人员技术要求

GIS 机械振动现场检测是为保证电力安全生产的一项带电检测技术，要求从事该项工作的专业技术人员有一定的业务素质。

（1）检测人员应严格执行电力安全工作规程相关规定和要求，严格执行发电厂、变（配）电站巡视的要求。检测至少由两人进行，工作负责人应具备带电检测现场工作经验，熟悉并严格执行保证安全的组织措施、技术措施以及相关安全管理规定。

（2）检测人员应了解 GIS 的结构特点、工作原理、运行状况和导致设备故障分析的基本知识；应熟悉机械振动检测的基本原理、诊断程序和缺陷定性的方法，了解机械振动检测仪的工作原理、技术参数和性能，掌握机械振动检测仪的操作程序和使用方法；应熟悉标准化作业流程，接受过 GIS 机械振动检测的培训，具备现场测试能力。

（3）雷雨、风暴等恶劣天气下应暂停检测工作。

（4）确保操作人员及测试仪器与电力设备的高压部分保持足够的安全距离，完善个人劳动保护用品及防护措施，防止感应电触电伤人。

（5）检测过程中应避开设备防爆口或压力释放口。

（6）测试现场出现较严重的明显异常情况时（如异声、电压波动、系统接地等），应立即停止测试工作并撤离现场。

（7）检测工作结束后，应清理现场并经确认后方可撤离，且工作结束后禁止工作班成员再次返回工作现场。若确需返回工作现场时，应按照运行工况重新履行工作许可手续，并完善保障安全的组织措施、技术措施。

2. 被试设备要求

被测试设备应具备以下五方面条件：

（1）被检测设备是带电运行设备，运行时间 30min 以上，GIS 气体为额定压力，气体密度继电器、设备操动机构、继电保护装置等应无影响检测安全的遗留缺陷，设备电压、电流值稳定。

（2）被试设备金属外壳应可靠接地，且外观无异常。

（3）金属外壳应清洁、无覆冰等。

（4）检测期间，运行设备无任何操作，在 GIS 上无其他外部作业。

（5）进行室外检测时，应避免雨、雪、雾、露等湿度大于 80%的天气条件对 GIS 外壳表面的影响。

3. 推荐检测周期

对于机械振动检测，推荐按以下周期执行：

（1）发现疑似异常声响时进行。

（2）检测到 GIS 有异常信号但不能完全判定时，可根据 GIS 的运行工况，缩短检测周期，增加检测次数，并应分析信号的特点和发展趋势。

（3）必要时，对重要部件（如断路器、隔离开关、母线等）进行重点检测。

（4）对于运行年限超过 15 年以上的 GIS，宜开展抽检。

二、机械振动检测步骤

1. 检测基本步骤

（1）检测前，记录被测设备运行参数，如电压、电流等，有条件的情况下应提前开展现场勘查工作。

（2）确定合适的检测点。检测点应取合理的间距对 GIS 进行全面覆盖，确保测试点能全面反映 GIS 各部位的振动情况。

（3）稳固安放加速度传感器。部分的传感器为永磁体吸附式设计，可牢固吸附在 GIS 外壳表面，且方便移动位置。

（4）牢固固定信号电缆。传感器引出的信号线与放大滤波装置连接，这样振动信号就通过信号线和放大滤波器传送出来，处理后可以为设备机械振动作诊断依据。

（5）进行诊断测试。采集机械振动信号进行频谱和波形分析，推断 GIS 的故障类型及损坏程度，对其进行处理。

（6）检测结束后，再次确认电流、电流等运行参数稳定。

2. 检测数据分析与处理

检测完成后，在记录表格中标出振动值超出标准的测点，与上次数据比较后计算出各测点的振动变化量，不应有显著性增长趋势。

（1）根据振动检测数据，对比振动标准，并进行横向比较和纵向比较，判断设备的运行状况。

（2）当振动或者振动变化量超过标准时，结合振动波形和频谱，初步分析设备振动原因。

（3）变电设备都会有对应的正常振动频率的范围，若在这个振动频率范围内就视为单纯的机械振动，若存在大于该正常振动频率的上限值时，说明设备存在故障前兆。

3. 机械振动检测抗干扰措施

考虑到在实际应用中，在现场必然会有很大的电磁干扰，因此必须采取一定的抗干扰措施，来保证在线监测系统在复杂的工业环境下能够正常工作。在现场测试中，通常采取以下抗干扰措施：

（1）传感器"浮地"。因为传感器外壳与信号的接地端相连，所以当传感器布置于 GIS 外壳上时，如果没有采取任何绝缘措施，就会因涡流作用引起 GIS 外壳上产生感应电流，这必然会带来非常大的工频干扰，因此装设传感器时一定要保证与 GIS 外壳的绝缘，保证传感器"浮地"。

（2）电缆噪声的消除。压电式加速度传感器的信号电缆采用的是小型同轴导线，这种电缆的优点是柔软且具有良好的挠度，缺点是当突然受到拉力或者振动时，电缆自身会产生噪声。由于压电式加速度传感器是电容性的，所以在低频时，内阻抗很高，从而导致电缆产生的噪声不会很快就消失，以致进入放大器被放大后成为一种干扰信号。电缆噪声完全是由电缆自身产生的，与外界干扰无关。普通的同轴电缆由内导体、绝缘介质（主要为聚四氟乙烯或带挤压聚乙烯材料），外部屏蔽（多股镀银金属层）和绝缘护套组成。当受到振动或发生弯曲时，绝缘介质和外部屏蔽之间以及内导体和绝缘介质之间就可能产生相对移动，继而形成一个空隙。当快速移动时，在静摩擦的作用下，空隙中会产生静电感应，静电荷放电时将直接送到放大器中形成噪声。因此为了降低电缆噪声，在测试中应将电缆充分固定以避免相对运动产生静电荷。电缆固定方法如图 8-7 所示。

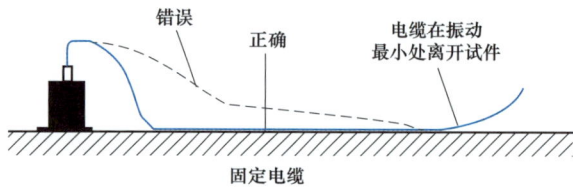

图 8-7　固定电缆避免相对运动

（3）传输导线屏蔽。采用在电缆外部套以金属屏蔽管，管壁接地，即采用双层屏蔽的方法。

三、机械振动检测注意事项

机械振动检测过程中，应注意以下事项：

（1）检测过程中，检测人员及检测仪器应与运行设备带电部位保持足够的安全距离。

（2）户外作业如遇雷、雨、雪、雾时，不得进行该项工作；风力大于 5 级时，不宜进行该项工作。

（3）不得踩踏设备和仪表，防止误碰、误动设备。

（4）行走中注意脚下状况，防止人员摔倒或脚部扭伤。

（5）防止振动传感器坠落而碰伤设备和仪表。

第三节　机械振动检测异常诊断分析

一、GIS 运行状态下振动信号分析

GIS 振动信号可以反映出大量的 GIS 运行状况的信息，机械系统中结构上出现微小的变化也可以从振动信号中显示出，振动信号一般表现为一系列的瞬态波形，每个瞬态波形都是相应时间内 GIS 内部电气部件操作情况的反映。振动就是对 GIS 内部各种电气部件等多种激励源的响应，而机械故障时会导致设备振动频率的改变，使振动信号发生明显变化。因此，GIS 正常运行时也会有振动，发振动信号是作为电气设备故障诊断的理论基础。

从振动原理可以知道，只要振动类型和振动传播途径不发生变化，展现出的振动信号就相对稳定，不会有大的波动，并且类型相同的设备运行中产生的振动信号也相似。在实际运行中，通常需要选择一个或多个传感器附着在设备表面来进行振动信号检测，附加传感器是一种对设备体外测量的方法。

二、机械振动信号特征

如果发生了机械振动故障，通过对振动波形的分析，则会了解机械振动发生的时间和振动的强度，机械振动故障下机械振动信号具有以下特征：

（1）振动信号具有瞬时性。当形成出一系列瞬态波时，每个波形都是内部运行形态的体现，振动信号一般都不是平稳一成不变的周期性振动信号，而是复杂的不具有周期性和稳定性的信号。

（2）振动信号受到 GIS 内部设备各种操作机构的受力冲击和运动形态的改变而变化。GIS 内部电气设备一般都是瞬动式的机械设备，操动机构在极短的时间里通过一系列运动进行能量传递，在这个过程中冲击受力，运动形态改变引起机械振动的发生。GIS 内部断路器操作时，有一系列运动机构的启动、制动、撞击出现，这些都会引起一个冲击振动。同理，其他电气部件经过连接部件转动时，推动触头系统，也会引起各种运动形态的改变。振动形态的改变经过结构部件传递、衰减，在传感器测量部位可以测到一系列衰减的冲击加速波的叠加，这种振动信号的产生，就为状态监测和故障诊断提供了基础。

（3）GIS 内部构成非常复杂，其中每个设备的振动信号也是复杂的。波形虽然复杂，并且包含了时域和频域的信息，每个振动信号基本都是多个波形进行叠加的结果。

三、机械振动信号小波分析法

针对 GIS 机械故障所产生的振动信号，小波分析是分析瞬态信号的最有效的分析手段，对变换的振动信号进行小波分析后，可以取信号特征的瞬态信号，根据瞬态信号来确定设备故障。因此，小波变换对机械振动信号处理是一种至关重要的分析方法。

小波变换是傅里叶变换的发展延伸，已经成为应用数学的一个重要分支。应用傅里叶分析时是将时域信号变换成多个精确的频率分量，但小波分析却是将时域信号变换成几个子频带的时域分量之和，因此，与在时域上存在分辨力缺陷的傅里叶分析相比，小波分析突破了这种限制，可以在指定的频率和时间之内分析信号，强于傅里叶变换的特征提取功能。小波函数满足式（8－3）。

$$\int_{-\infty}^{+\infty} \psi(x)\,\mathrm{d}x = 0 , \quad \frac{|\psi(\omega)|^2}{\omega}\mathrm{d}\omega < \infty \qquad (8-3)$$

由基本小波或母小波 $\psi(t)$ 通过 a 伸缩和 b 平移产生一个函数族 $\psi_{b,\,a}(t)$，称为小波，可得式（8-4）。

$$\psi_{b,a}(t) = a^{-\frac{1}{2}}\psi\left(\frac{t-b}{a}\right) \tag{8-4}$$

式（8-4）中 a 是尺度因子，$a^{-1/2}$ 保证了在不同的 a 值下，即在小波的伸缩过程中能量一致。信号 $x(t)$ 的小波变换为式（8-5）。

$$WT_x(b,a) = a^{-\frac{1}{2}}\int_{-\infty}^{+\infty} x(t)\psi^*\left(\frac{t-b}{a}\right)\mathrm{d}t \tag{8-5}$$

式（8-5）反映了小波变换可以被视为一系列不同的带通滤波器对信号的滤波。同时，通过互相关和卷积关系得知，信号在不同尺度和小波函数有着相关关系。信号与母小波越接近，在时间—频率域，信号的能力分布将会越来越密集；信号越偏离母小波，在时间—频率域，信号的能力分布范围将会扩大。

目前，利用小波分析进行故障诊断的方法有以下三种：

（1）利用信号的频谱特性来进行故障诊断。对于机械设备所产生的振动故障信号，往往会导致信号的频率发生变化。采用一定的措施消除外界因素对信号源的影响，然后利用正交小波分析观测信号的频谱随时间变化的情况，分析具体故障对应的具体频率特征，从而实现故障的诊断。

（2）利用信号的奇异性对故障进行诊断。同上述一样，首先采取相应的措施将外界因素的影响去除掉，然后直接利用连续小波变换对其进行分析处理，找出信号的奇异点，最后再结合相应的知识，判断出故障类型及所在部位。

（3）利用小波变换和能量分析进行故障诊断。去除掉外界因素对振动信号源的影响，然后对其进行小波变换和能量分析，即利用正交小波变换的能量特征来观测信号的故障，从而为故障诊断提供依据。

小波分析理论可以有效地提取微弱故障信息和任意一个弱信号，来达到早期诊断的目的，小波分析理论是将信号进行分解，信号被分解成各频带的信号，然后根据诊断故障信息再选择频率序列，进行信息处理来达到检查机器深层次故障源的目的。

第四节　数据记录与检测报告

机械振动检测过程中，应详细记录检测环境条件（包括环境温度、相对湿度等）、被测设备信息（包括被测设备所在变电站及电压等级、被测设备运行双重名称、被测设备铭牌资料等）、检测仪器信息（包括检测仪器名称、检测仪器型号等）、检测日期、检测人员、原始检测数据（包括每个测试位置所对应的测试数据和图谱编号、检测异常情况等）。

检测完毕后，根据检测情况出具检测报告，检测报告应能够准确、全面反映当次检测的对象、条件、方法、仪器和检测的结果。对于存在异常的疑似缺陷设备应进行复测并出具异常分析报告。必要时，可结合其他多种带电检测手段，对检测数据进行全方位综合分析。

原始数据记录、检测报告、异常分析报告应归类存档，以便纵向比较分析，判断设备状态参量发展趋势。

第 九 章

金属氧化物避雷器阻性电流检测

避雷器主要是通过迅速释放过电压能量以限制设备及线路上的电压幅值而实现过电压保护，其性能不仅影响着整个电力系统的安全性，也关系到运行系统的经济效益。尽早发现避雷器存在的隐患并予以排除，对已经投入运行的避雷器显得尤为重要。目前电网系统中广泛使用的避雷器为金属氧化物避雷器（Metal-Oxide Surge Arresters，MOA），采用金属氧化物非线性电阻阀片叠装而成。

早期主要采用定期停电进行预防性试验。该预防性试验主要有两种方法，一种是测量 MOA 的绝缘电阻是否低于规定值，以检查其内部是否进水绝缘受潮、瓷质裂纹或硅橡胶损伤；另一种是测量 MOA 直流 1mA 下参考电压 U_{1mA} 和 $75\% U_{1mA}$ 下的泄漏电流，可以准确有效地发现避雷器贯穿性的受潮、脏污劣化或瓷质绝缘的裂纹及局部松散断裂等绝缘缺陷。但是这两种方法都存在缺陷和不足，首先试验时需要停电，给生产带来不便，并且停电时 MOA 的性能状况与运行时的存在差异，不能真实反应实际运行情况；其次在预防性试验期间需投入较大人力物力，费时费力；最后由于试验周期长，不能及时发现诊断在间隔期间出现的故障。

当 MOA 内部受潮或阀片发生劣化时，避雷器的全电流和阻性电流会发生变化。针对这一特点，避雷器阻性电流带电检测和在线监测已成为判断其运行状态的有效技术手段。但基于成本及可靠性等方面考虑，在线监测技术未广泛开展，阻性电流带电测试在状态检修工作中逐渐显示出它的巨大优势，已成为 MOA 性能状态检测的重要手段。

第一节　MOA 阻性电流检测原理

MOA 在长期运行电压作用下，绝缘性能可能会逐渐下降。其原因主要由两个，一是避雷器结构上密封不严造成内部受潮，二是阀片长期承受工频电压而容易老化。运行中 MOA 的外部瓷套受污秽及潮气作用时，外部瓷套的电位分布发生了变化，内部阀片与外部瓷套之间存在较大的径向电位差，当径向电位差达到一定数值，可能引起径向局部放电并产生脉冲电流，甚至烧熔阀片。MOA 承受雷电过电压或其他暂态过电压，如瞬时发热大于散热能力，吸收的冲击能量不能及时散出去，容易引起阀片的劣化和热破坏，从而引起爆炸。

避雷器阀片老化是常见故障，而且该故障是一个缓慢发展的过程，仅靠例行试验难以准确反映现场运行条件，不能完全保证避雷器安全运行。

为了使 MOA 能保持正常的工作状态，必须对其进行运行监视，掌握其老化发展的情况，以便在事故初期阶段就能发现异常，防患事故于未然是很重要的。最有效的方法是对 110kV 及以上电压等级的 MOA 开展定期带电检测，监测避雷器各参数（包括全电流、阻性电流、有功损耗等）的变化情况，及时诊断出避雷器异常现象，有效防止避雷器的突发事故，确保避雷器和电力系统其他设备安全可靠运行。

一、MOA 带电检测基本方法

MOA 带电检测的基本方法有全电流法、基波法、三次谐波法、容性电流补偿法、波形分析法、测温法等。

（1）全电流法。采用漏电流指示型计数器（避雷器监测器）的避雷器，除保留原避雷器计数器的计数功能外，增加了避雷器泄漏电流指示功能。在持续运行电压下，长期指示 MOA 的泄漏电流值，在过电压下又能记录避雷器的动作次数，此方法简单可行，但对早期老化产品不灵敏。同时，由于阻性电流仅占很小的比例，即使阻性电流已显著增加，全电流变化仍不明显，该方法灵敏度低，只有在 MOA 严重受潮或老化的情况下有效，不利于早期故障检测，多用于初判。

（2）基波法。基波法的原理基础是 MOA 在运行电压作用下，全电流中只有阻性基波电流做功产生热量，且认为阻性基波电流不受电网电压谐波的影响。因此同步地采集 MOA 上的电压和全电流信号，然后将电压、电流信号分别进行傅里叶变换，得到基波电流和基波电压的幅值和相位，再将基波电流投影到基波电压上就可以得到阻性基波电流。该方法简单方便，在一些情况下能够灵敏地反映 MOA 的状态。但由于滤波的同时也除掉了非线性电阻所产生的高次谐波部分，故不能完全体现阀片老化情况，同时由于阀片的交流伏安特性呈非线性，仍无法消除电网谐波对测试结果的影响。

（3）三次谐波法。三次谐波法是基于 MOA 的非线性导致产生三次谐波，而三次谐波与总阻性电流存在比例关系，通过检测三次谐波电流来判断其总阻性电流的变化。三次谐波法理论成立的前提是系统电压不含谐波分量，因此该测量方法测量值受电网三次谐波影响较大。此外，不同阀片间以及伴随着阀片的老化，总阻性电流与三次谐波阻性电流之间的比例关系也会发生变化，故三次谐波法检测结果并不理想。

（4）容性电流补偿法。容性电流补偿法是将 MOA 两端电压信号进行 90°移相，得到一个与容性电流相位相同的补偿信号，然后与容性电流相减可将容性分量抵消，得到阻性电流。容性电流补偿法测试十分简便，能够直接求取阻性电流，但该方法只有当 MOA

全电流中阻性电流相位与容性电流相位成 90° 的时候才能够得到其运行状况的真实结果。但在现场测试时，受相间杂散电容的影响，测量存在误差，此外补偿法需要从电压互感器上采集电压信号，可能存在相移，电网电压存在较大谐波时，也会影响其测量精度。

（5）波形分析法。在阻性电流基波法的基础上运用傅里叶变换对同步检测到的电压和电流波形进行波形分析，获得电压和阻性电流各次谐波的幅值与相位，计算得到阻性电流基波分量及各次谐波分量，并求得波形的有效值和峰值等参数。该方法弥补了阻性电流基波法完全忽略阻性电流高次谐波的影响，同时该方法能够得到电压信号的谐波成分，从而可以考虑电压谐波造成的影响，综合判断得出正确结论。但该方法易受到相间干扰影响。

（6）测温法。采用红外测温仪对避雷器本体进行测温，当避雷器受潮等劣化出现时，流过避雷器的全电流不大，功率损耗增加而产生的避雷器本体温度升高。此方法需泄漏电流增加较大有功损耗较多时才能发现，对故障初期反映不明显。

由上述分析可见，通过检测 MOA 运行中的持续全电流，可以初步判断其运行状态，而检测 MOA 阻性电流，能有效发现其早期的老化、劣化缺陷。

二、MOA 阻性电流检测基本原理

在系统运行电压情况下，MOA 的总泄漏电流由瓷套泄漏电流、绝缘杆泄漏电流、阀片柱泄漏电流三部分组成。一般而言，在正常情况下，瓷套泄漏电流和绝缘杆泄漏电流比流过阀片柱的泄漏电流要小得多，只有在污秽或内部受潮引起的瓷套泄漏电流或绝缘杆泄漏电流增大时，总泄漏电流才可能发生突变。因此，在天气情况良好时，测量的全电流一般都视为流过阀片柱的泄漏电流。MOA 中阀片的等效电路及其电流基本向量图如图 9-1 所示。

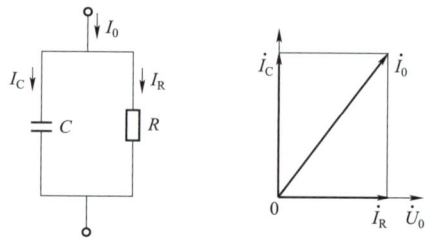

图 9-1　MOA 等值电路与电流向量图

I_0—全电流；I_R—阻性电流；I_C—容性电流；U_0—系统电压

假设电网电压不含谐波分量，即 $u(t) = U_m \sin \omega t$，根据欧姆定律可得式（9-1）和式（9-2）。

$$i_R = \frac{u(t)}{R} = \frac{U_m}{R} \sin \omega t \qquad (9-1)$$

$$i_C = C \frac{du(t)}{dt} = \omega C U_m \cos \omega t \qquad (9-2)$$

因阀片具有非线性伏安特性，因此电阻 R 是个变量，导致 i_R 是非线性的，含有各次谐波，将其分解得到式（9-3）。

$$i_R = I_1 \sin \omega t + I_3 \sin(3\omega t + \varphi_3) + I_5 \sin(5\omega t + \varphi_5) + \cdots + I_n \sin(n\omega t + \varphi_n) \qquad (9-3)$$

根据实验室模拟的避雷器泄漏电流波形,现对其各部分含量变化对避雷器性能的影响分析如下:

(1)阻性电流基波分量影响分析。阻性电流对应的功率计算如式(9-4)所示。

$$P_R = \int_0^T U_m \sin \omega t \, [I_1 \sin \omega t + I_3 \sin(3\omega t + \varphi_3) + \cdots + I_n \sin(n\omega t + \varphi_n)] \mathrm{d}t \qquad (9-4)$$

式(9-4)中只有第一项积分结果不为零,其余各项积分均为零。产生有功功率导致阀片发热的主要是阻性电流中的基波分量,认为总泄漏电流中的阻性电流基波分量是判断阀片绝缘性能是否良好的重要依据。

(2)阻性电流谐波分量影响分析。阀片的老化将会使其非线性特性变差,其主要表现是在系统正常运行电压下阻性电流高次谐波分量显著增大,而阻性电流的基波分量相对增加较小,因此 MOA 阻性泄漏电流中高次谐波分量是判断阀片老化状况的依据。

在实际系统运行电压条件下,不可避免地存在系统谐波和电磁干扰,此时泄漏电流中的谐波成分将包括因谐波电压而引起的谐波分量。

三、MOA 阻性电流检测仪

目前用于避雷器阻性电流测试的仪器主要分为两类,一类为需要同时测量运行相电压的桥式补偿电路或类似的电子仪器,另一类为不需要测量运行电压,采用三次谐波电流原理制成的仪器。由于目前避雷器阻性电流带电测试仪器厂家普遍采用测取电压信号的测试方法,下面就基于波形分析法对阻性电流检测仪组成及其基本原理进行简要说明。

1. 仪器组成

阻性电流检测仪通常有主机、电流测试线、电压测试线、电压隔离器等,除了 AD 转换器和 CPU 等数字处理电路,不同的仪器有不同的配置,如全电流或参考电压采样有单通道或三个通道,信号传输采用有线传输或无线传输,电流采样使用短接夹子或钳形电流传感器等。

2. 电流取样方式

电流取样方式有放电计数器短接法、钳形电流传感器法两种方式。

(1)放电计数器短接法。若 MOA 下端泄漏电流表为高阻型,则采用测试线夹将其短接,通过测试仪器内部的高精度电流传感器获得电流信号。

(2)钳形电流传感器法。若避雷器下端泄漏电流表为低阻型,则采用高精度钳形电流传感器采样。

3. 电压取样方式

电压取样主要有二次电压法、检修电源法、感应板法和末屏电流法。

（1）二次电压法。电压信号取自于待测 MOA 同间隔的电压互感器二次电压，其传输方式分为有线传输和无线传输方式两种。

（2）检修电源法。测取交流检修电源 220V 电压作为虚拟参考电压，再通过相角补偿求出参考电压，避免了通过测取电压互感器端子箱内二次参考电压的误碰、误接线存在的风险。若系统电压互感器端子箱是 Yd11 接线方式，检修箱内电源是 Yd11 接线方式，则二者存在一定角差，为获取准确的电压测量结果需测量电压互感器二次电压和检修电源的角差后，方可执行。

（3）感应板法。将感应板放在 MOA 底座上，与高压导体之间形成电容。仪器利用电容电流作参考，对 MOA 总电流进行分解。在交流电场中，感应板上会聚集电荷并产生感应电流，感应电流大小与母线电压成正比，与感应板到母线的距离成反比，相位超前母线 90°。由于感应板同时接受 A、B、C 相电场，只有将感应板放在 B 相下面，且与 A、C 相严格对称的位置上，A、C 相电场才会抵消，只感应到 B 相母线电压。由于感应板对位置比较敏感，这种测试方法受外界电场影响较大，如测试主变压器侧避雷器或仪器上方具有横拉母线时，测量结果误差较大。

（4）末屏电流法。选取同电压等级的容性设备末屏电流作参考量，容性设备可选取电流互感器、电容式电压互感器等。

第二节　MOA 阻性电流现场检测

一、MOA 阻性电流检测基本要求

1. 人员技术要求

避雷器阻性电流检测是为保证电力安全生产的一项带电检测技术，要求从事该项工作的专业技术人员有一定的业务素质。

（1）检测人员应严格执行电力安全工作规程相关规定和要求，严格执行发电厂、变（配）电站巡视的要求。检测至少由两人进行，工作负责人应具备带电检测现场工作经验，熟悉并严格执行保证安全的组织措施、技术措施以及相关安全管理规定。

（2）检测人员应了解避雷器的结构特点、工作原理、运行状况，具备一定设备故障分析能力；应熟悉阻性电流检测的基本原理、诊断程序和缺陷定性的方法，了解避雷器阻性电流测试仪的工作原理、技术参数和性能，掌握避雷器阻性电流测试仪的操作程序和使用方法；应熟悉标准化作业流程，接受过避雷器阻性电流检测的培训，具备现场测试能力。

（3）雷雨、风暴等恶劣天气下应暂停检测工作。

（4）确保操作人员及测试仪器与电力设备的高压部分保持足够的安全距离，完善个人劳动保护用品及防护措施，防止感应电触电伤人。

（5）检测过程中应避开 GIS 防爆口或压力释放口。

（6）测试现场出现较严重的明显异常情况时（如异声、电压波动、系统接地等），应立即停止测试工作并撤离现场。

（7）检测工作结束后，应清理现场并经确认后方可撤离，且工作结束后禁止工作班成员再次返回工作现场。若确需返回工作现场时，应按照运行工况重新履行工作许可手续，并完善保障安全的组织措施、技术措施。

2. 被测设备要求

被测设备应具备以下四方面条件：

（1）被测设备是带电运行设备，GIS 气体为额定压力，气体密度继电器、设备操动机构、继电保护装置等应无影响检测安全的遗留缺陷。

（2）检测期间，运行设备无任何操作，在被试设备上无其他外部作业。

（3）避雷器表面应清洁、无覆冰等。

（4）进行室外检测时，应避免雨、雪、雾、露等湿度大于 80% 的天气条件对避雷器表面的影响。

3. 检测周期要求

对于避雷器阻性电流测试周期，有以下四点要求：

（1）应在设备投运后或 A 类检修后 1 周内进行 1 次。

（2）正常情况下，110kV（66kV）及以上电压等级避雷器一年 1 次。

（3）检测到避雷器阻性电流异常但不能完全判定时，可根据避雷器的运行工况，缩短检测周期，增加检测次数，并应分析信号的特点和发展趋势。

（4）对于运行年限超过 15 年以上的避雷器，宜考虑缩短检测周期。

二、MOA 阻性电流检测步骤

1. 检测准备工作

避雷器阻性电流检测工作开始前，应做好以下准备工作：

（1）检查确认仪器处于正常工作状态，保证仪器电量充足，现场电源满足仪器使用要求，必要时对检测仪器预先进行充电。

（2）掌握被试设备历次停电试验和带电检测数据、历史缺陷、家族型缺陷、不良工况等。

（3）为保证人身、设备安全，仪器应良好接地。

（4）再次检查现场试验区域是否满足安全要求、环境是否符合检测要求。

（5）应确保现场安全距离符合相关要求。

2. 检测基本步骤

检测时，按照以下步骤进行：

（1）仪器接线。将仪器正确连线并接地。

（2）取电流信号。一般来说，运行中的 MOA 均有电流表监视运行，短接前要注意观察电流表指针是否指示在合理的电流区间内。使用电流信号线的取电流的夹子将表计短接，电流表的指针降到几乎为零的位置视为短接良好。应避开或刮掉表计两端的绝缘漆，确保短接良好。

（3）取电压信号。

1）电压互感器法。需打开运行中电压互感器的二次端子盒，在二次绕组 da、dn 上取电压信号。由于直接取得的系统电压，使用该方法测量结果最为精确。但如果操作不当，会引发二次电压异常，影响设备的安全运行，对测量人员来说也存在相当大的安全隐患，使用该方法时应小心谨慎。

2）感应电压法。利用电磁感应原理，使用感应电压板取电压，一般情况下需打开设备调试，通过不断调整感应电压板的朝向，当调整至合适位置时，当仪器显示感应得到的电压信号处在较好的水平条件下，即可开始测量。

3）电源电压法。直接使用测试现场的 220V 的交流电源作为测量用的电压信号。该方法较为简便，现场使用较多。但由于电压与电流信号不是相同部位取得，电压信号更多作为测量标尺使用，用得到的阻性电流横向比较分析可判断出避雷器的阻性电流是否有异常，阻性电流的绝对值意义不大。

（4）阻性电流值测量。

（5）对异常偏大的数据进行复测。

（6）将现场设备的改动情况恢复到测量前的初始状态。

3. 避雷器阻性电流检测影响因素

（1）瓷套外表面受潮污秽的影响。瓷套外表面潮湿污秽引起的泄漏电流，如果不加屏蔽会进入测量仪器，会使测量结果偏大。

（2）温度的影响。由于 MOA 的金属氧化物电阻片在小电流区域具有负的温度系数及 MOA 内部空间较小，散热条件较差，加之有功损耗产生的热量会使电阻片的温度高于环境温度。这些都会使 MOA 的阻性电流增大，电阻片在持续运行电压下从 $+20$℃ 到 $+60$℃，阻性电流增加 79%，而实际运行中的金属氧化物电阻片温度变化范围是比较大的，阻性电流的变化范围也很大。因此在进行检测数据的纵向比较时应充分考虑该因素。DL/T 474.5—2018《现场绝缘试验导则 避雷器试验》指出，温度每升高 10℃，电流增大 3%～5%，可参照换算。

（3）湿度的影响。湿度比较大的情况下，一方面会使 MOA 瓷套的表面泄漏电流明显增大，同时引起 MOA 内部阀片的电位分布发生变化，使芯体电流明显增大。严重时芯体电流增大 1 倍左右，瓷套表面电流呈几十倍增加。

（4）相间干扰的影响。对于一字排列的三相 MOA，在进行泄漏电流带电检测时，由于相间干扰影响，A、C 相电流相位都要向 B 相方向偏移，一般偏移角度 2°～4°，这导致 A 相阻性电流增加，C 相变小甚至为负，如图 9-2 所示。由于相间干扰是固定的，采用历史数据的纵向比较，仍能较好地反映 MOA 运行情况。

（5）电网谐波的影响。电网含有的电压谐波，会在避雷器中产生谐波电流，可能导致无法准确检测 MOA 自身的谐波电流。

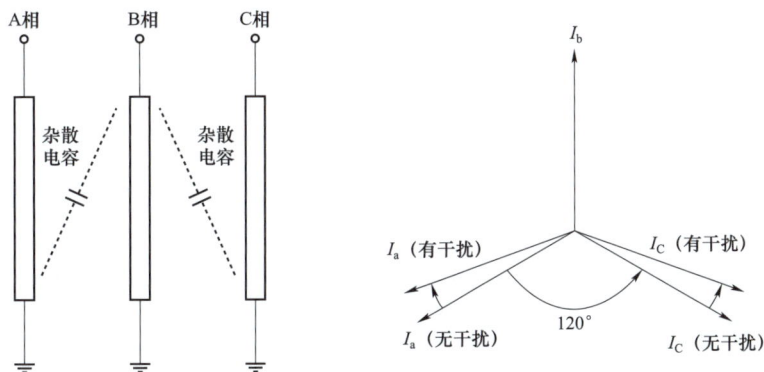

图 9-2　相间干扰原理图

（6）参考电压方法选取的不同。MOA 测量仪一般具有电压互感器二次电压法、检修电源法、感应板法、容性设备末屏电流法几种参考电压方式，各种方法不同带来系统性的电压误差，影响试验结果。

（7）测试点电磁场对测试结果的影响。测试点电磁场较强时，会影响到电压与总电流的夹角，从而使测得的阻性电流数据不真实，给测试人员正确判断 MOA 的质量状况带来不利影响。测试时应选取多个测试点进行分析比较。

三、MOA 阻性电流检测注意事项

（1）进入发电厂、变（配）电站进行现场检测应严格执行设备管理部门的相关要求；严格执行发电厂、变（配）电站巡视的要求。

（2）检测至少由两人进行，并严格执行保证安全的组织措施和技术措施。

（3）检测仪器应置于阴凉干燥区域，防止暴晒、雨淋、水浸、撞击、踩踏等。

（4）雷雨、风暴等恶劣天气下应暂停检测工作。

（5）检测过程中，应始注意始终与现场一次带电部位保持足够的安全距离。

（6）测量完毕后，应注意恢复仪器至保护状态，恢复有改动的设备至初始状态。

第三节　MOA 阻性电流检测异常诊断分析

MOA 阻性电流带电检测数据分析应采取纵向、横向比较和综合分析，判断 MOA 是否存在受潮、老化等劣化，应以补偿后的数据进行对比分析，同时应注意，宜以同种方法测试数据进行比较。

1. 数据分析

（1）纵向比较法。与前次或初始值比较，阻性电流初值差应不大于 50%，全电流初值差应不大于 20%。当阻性电流增加 0.5 倍时应缩短试验周期并加强检测，增加 1 倍时应停电检查。

（2）横向比较法。同一厂家、同一批次、同相位的产品，避雷器各参数应大致相同，彼此应无显著性差异。如果全电流或阻性电流差别超过 70%，即使参数不超标，避雷器也有可能异常。

（3）综合分析法。当怀疑避雷器泄漏电流存在异常时，应排除各种因素的干扰，并结合红外精确测温、高频局部放电测试结果进行综合分析判断，必要时应开展停电诊断试验。

2. 结果判断

根据相关标准规程、规定，阻性电流初值差应不大于 50%，全电流初值差应不大于 20%。

在进行 MOA 阻性电流测试结果分析时，应综合全电流、阻性电流基波分量、阻性电流谐波分量、电压与电流夹角等测量结果，判断 MOA 运行状况。

（1）阻性电流的基波成分增长较大，谐波的含量增长不明显时，一般为污秽严重或受潮缺陷。

（2）阻性电流谐波的含量增长较大，基波成分增长不明显时，一般为老化缺陷。

（3）容性电流增加，避雷器一般发生不均匀劣化。避雷器有一半发生劣化时，底部容性电流增加最多。

3. 测试影响因素

在进行 MOA 阻性电流测试的分析判断时，要充分考虑外界环境因素对测试结果的影响。

（1）瓷套外表面受潮污秽的影响。瓷套外表面潮湿污秽引起的泄漏电流，如果不加屏蔽会进入测量仪器，使测量结果偏大。解决的办法是在 MOA 最下面的瓷套上加装接地的屏蔽环，将瓷套表面泄漏电流接地。

（2）温度对 MOA 泄漏电流的影响。由于 MOA 的金属氧化物电阻片在小电流区域具有负的温度系数及 MOA 内部空间较小，散热条件较差，有功损耗产生的热量会使电阻片的温度高于环境温度，这些都会使 MOA 的阻性电流增大。因此在进行检测数据的纵向比较时应充分考虑该因素。

（3）湿度对测试结果的影响。湿度比较大的情况下，会使 MOA 瓷套的表面泄漏电流明显增大，同时引起 MOA 内部阀片的电位分布发生变化，使芯体电流明显增大，严重时芯体电流增大 1 倍左右，瓷套表面电流呈几十倍增加。

（4）相间干扰的影响。对于一字排列的三相 MOA，在进行阻性电流测试时，由于相间干扰的影响，A、C 相电流相位都要向 B 相方向偏移，这导致 A 相阻性电流增加，C 相变小甚至为负。相间干扰对测试结果有影响，但不影响测试结果的有效性，采用历史数据的纵向比较法，能较好地反映 MOA 的运行情况。

（5）谐波的影响。电网含有的电压谐波，会在避雷器中产生谐波电流，导致无法准确检测 MOA 自身的谐波电流。

（6）参考电压方法选取不同的影响。避雷器阻性电流检测仪一般具有电压互感器二次电压法、检修电源法、感应板法、末屏电流法几种参考电压方式，各种方法不同可能带来系统性的电压误差，影响试验结果。

（7）电磁场的影响。测试点电磁场较强时，会影响电压与总电流的夹角，从而使测得的阻性电流峰值数据不真实，给测试人员正确判断 MOA 的质量状况带来不利影响。检测时应选取多个测试点进行分析比较。

第四节　数据记录与检测报告

避雷器阻性电流检测过程中，应详细记录检测环境条件（包括环境温度、相对湿度等）、被测设备信息（包括被测设备所在变电站及电压等级、被测设备运行双重名称、被测设备铭牌资料等）、检测仪器信息（包括检测仪器名称、检测仪器型号等）、检测日期、检测人员、原始检测数据（包括每个测试位置所对应的测试数据、检测异常情况等）。

检测完毕后，根据检测情况出具检测报告，检测报告应能够准确、全面反映当次检测的对象、条件、方法、仪器和检测的结果。对于存在异常的疑似缺陷设备应进行复测并出具异常分析报告。必要时，可结合其他多种带电检测手段，对检测数据进行全方位综合分析。

原始数据记录、检测报告、异常分析报告应归类存档，以便纵向比较分析，判断设备状态参量发展趋势。

第十章

GIS 带电检测典型案例

第一节　某 500kV GIS 气室内自由金属颗粒缺陷

▊ 一、异常概况

2015 年 5 月，对某 500kV 变电站 500kV 2 号主变压器间隔 501 号回路 C 相的 TA_1 与 50121 号隔离开关之间的盆式绝缘子（隔断式）上方进行带电检测，发现超声波信号异常，信号峰值不断跳动，幅值较大，最大峰值与有效值之比较大，信号源位置不断变化，内部存在疑似自由颗粒跳动。

现场检测环境概况如图 10-1 所示。

图 10-1　被测设备现场环境概况图

检测位置共设 11 处测试点，如图 10-2 所示。

▊ 二、检测数据

（一）初测数据

初测时，采用 AIA-2 超声波局部放电分析仪，发现有检测数据异常，在图 10-2 所示的 ⑦a 处测得峰值最大。检测数据见表 10-1，超声图谱如图 10-3～图 10-5 所示。

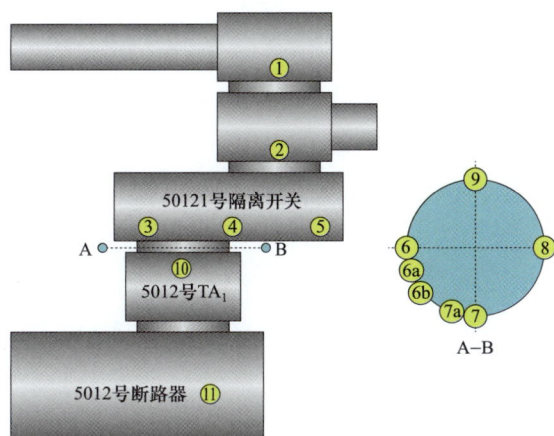

图 10-2 检测位置测试点设置图

表 10-1 初测的超声波局部放电信号数据表

项目	有效值	峰值	50Hz 相关性	100Hz 相关性	备注
背景值（mV）	0.2	0.9	0	0	
测试值（mV）	0.6	9.4	0.16	0.11	峰值跳动
检测位置	图 10-2 所示的 ⑦a 处				

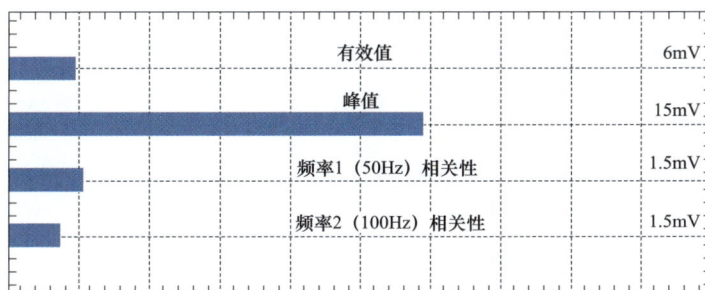

图 10-3 初测的超声波局部放电异常信号连续模式图（AIA-2）

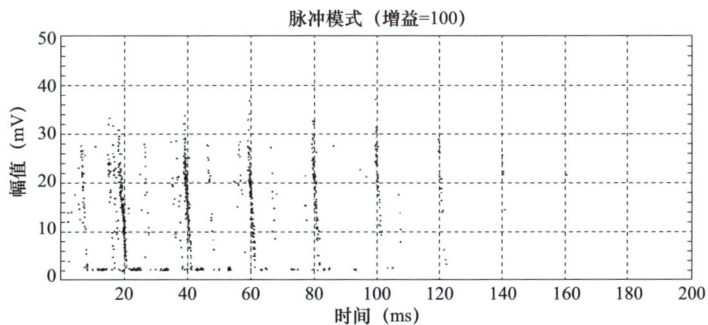

图 10-4 初测的超声波局部放电异常信号飞行模式图（AIA-2）

119

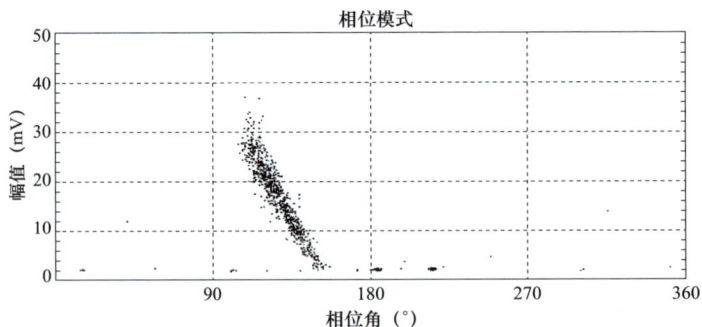

图 10-5 初测的超声波局部放电异常信号相位模式图（AIA-2）

（二）复测数据

复测时，同样采用 AIA-2 超声波局部放电分析仪，发现异常数据最大值发生变化，在图 10-2 所示的⑦处（接地扁铁下方）测得峰值最大。测试数据见表 10-2，超声图谱如图 10-6～图 10-8 所示。

表 10-2　　　　　　　　　　复测的超声波局部放电信号数据表

项目	有效值	峰值	50Hz 相关性	100Hz 相关性	备注
背景值（mV）	0.2	0.9	0	0	
测试值（mV）	0.4	23	0.32	0.28	峰值跳动
检测位置	图 10-2 所示的⑦处（接地扁铁下方）				

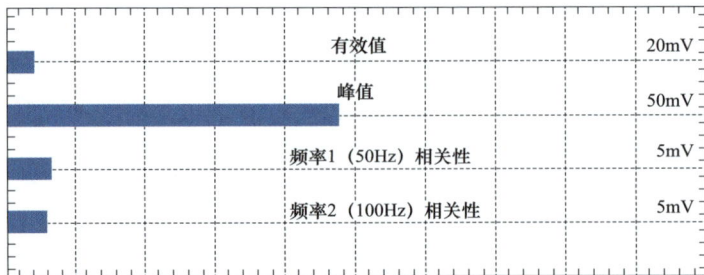

图 10-6　复测的超声波局部放电异常信号连续模式图（AIA-2）

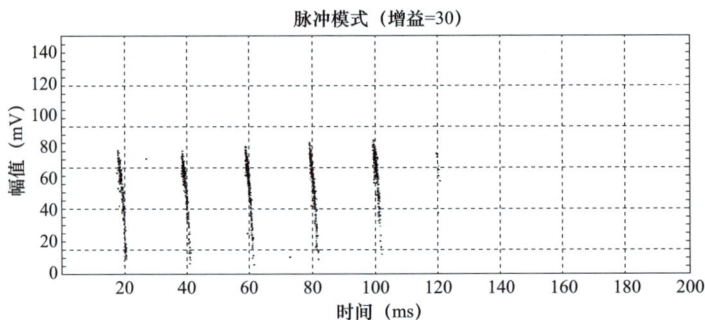

图 10-7　复测的超声波局部放电异常信号飞行模式图（AIA-2）

120

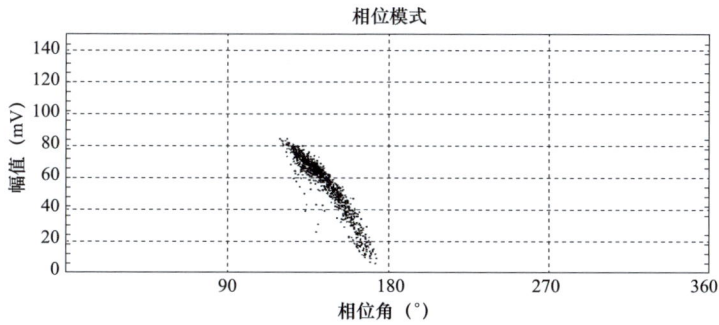

图 10-8　复测的超声波局部放电异常信号相位模式图（AIA-2）

（三）诊断定位

1. 采用 AIA-2 进行超声波诊断检测

按图 10-2 所示检测点进行全方位超声波诊断检测，数据见表 10-3。

表 10-3　　　　　　　利用 AIA-2 进行诊断检测的超声波数据表

检测位置	有效值（mV）	峰值（mV）	50Hz 相关性	100Hz 相关性	备注
背景	0.2	0.9	0	0	
位置 1	0.3	1.3	0	0.04	峰值较稳定
位置 2	0.33	1.4	0	0.05	峰值较稳定
位置 2 对侧	0.4	1.6	0	0.05	峰值较稳定
位置 3	0.35	8	0.04	0.04	峰值跳动
位置 4	0.46	11	0.04	0.08	峰值跳动
位置 5	0.5	7	0.04	0.04	峰值跳动
位置 3 对侧	0.35	11	0.05	0.03	峰值跳动
位置 4 对侧	0.37	8	0.04	0.05	峰值跳动
位置 5 对侧	0.38	12	0.05	0.1	峰值跳动
位置 6	0.3	3	0.03	0.09	峰值跳动
位置 7	0.3	7	0.06	0.05	峰值跳动
位置 8	0.35	25	0.05	0.03	峰值跳动
位置 9	0.25	4	0.02	0	峰值跳动
位置 10	0.25	1.1	0	0	峰值较稳定
位置 11	0.25	1.1	0	0	峰值较稳定
位置 11 对侧	0.25	1.1	0	0	峰值较稳定
位置 8 下方法兰	0.3	20	0.04	0.02	峰值跳动
位置 8 下方绝缘盆	0.3	3	0.01	0.03	峰值轻微跳动
5012 TA$_1$ A 相	0.36	1.5	0	0.05	峰值较稳定
5012 TA$_1$ B 相	0.35	1.3	0	0.02	峰值较稳定
5012 TA$_2$ C 相	0.52	2.4	0	0.19	峰值较稳定

同间隔 A 相 TA 气室检测图谱如图 10−9 和图 10−10 所示。图中为典型的磁滞振动，其余正常 TA 上能检测到类似信号，未发现颗粒跳动迹象。

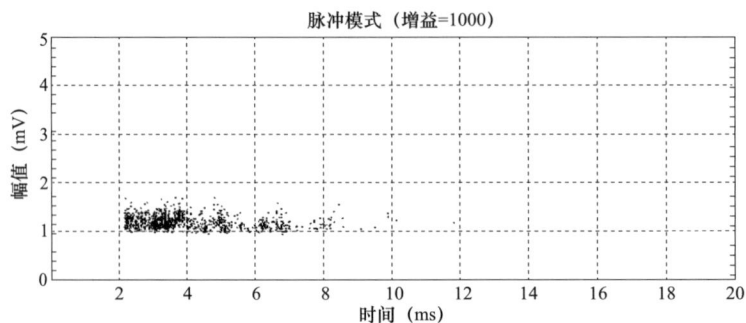

图 10−9　同间隔 A 相 TA 气室诊断检测超声波飞行模式图（AIA−2）

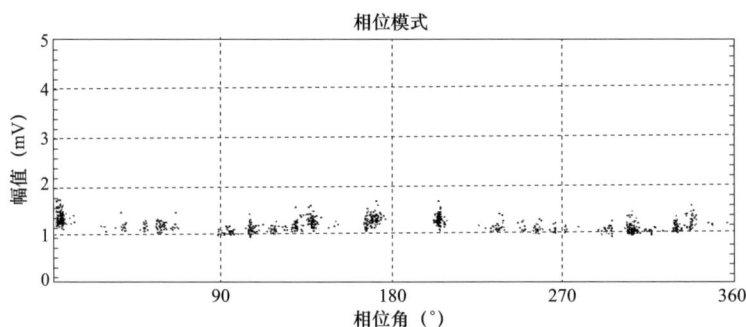

图 10−10　同间隔 A 相 TA 气室诊断检测超声波相位模式图（AIA−2）

位置④处检测图谱如图 10−11 和图 10−12 所示，位置⑦处检测图谱如图 10−13 和图 10−14 所示，位置⑧处检测图谱如图 10−15 和图 10−16 所示，位置⑨处检测图谱如图 10−17 和图 10−18 所示。

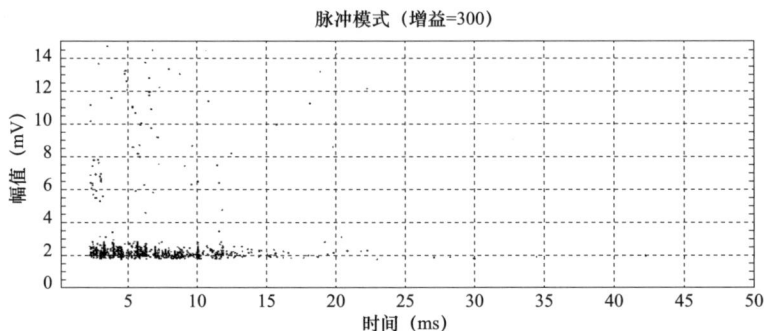

图 10−11　位置④处诊断检测超声波飞行模式图（AIA−2）

位置④处有较弱的颗粒跳动信号。在位置⑥处检测图谱也得到类似图谱，显示有较少的颗粒跳动信号。

位置⑦处有明显的颗粒跳动信号。

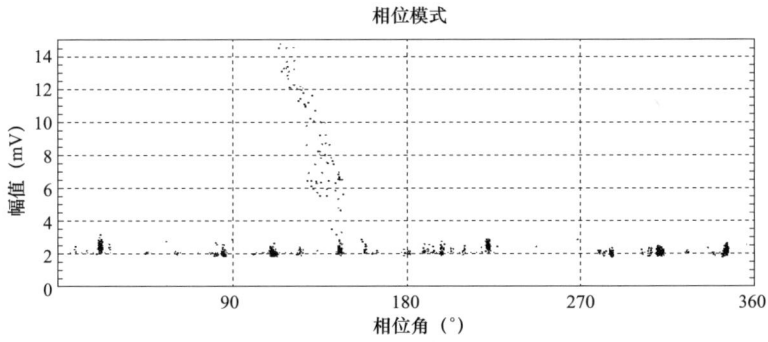

图 10－12　位置④处诊断检测超声波相位模式图（AIA－2）

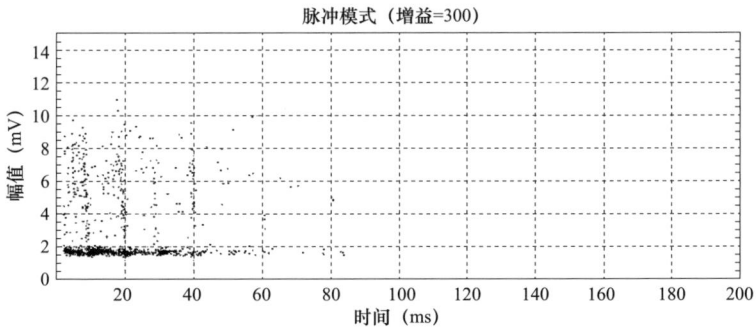

图 10－13　位置⑦处诊断检测超声波飞行模式图（AIA－2）

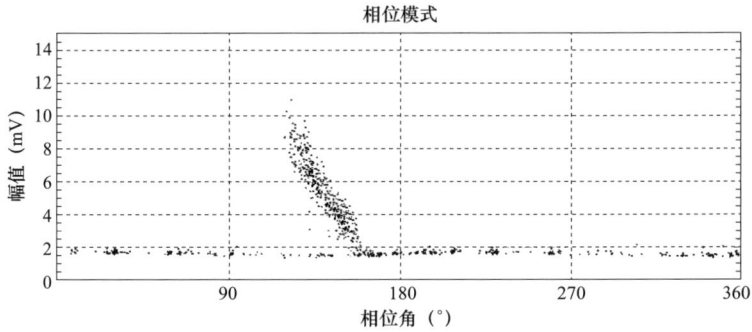

图 10－14　位置⑦处诊断检测超声波相位模式图（AIA－2）

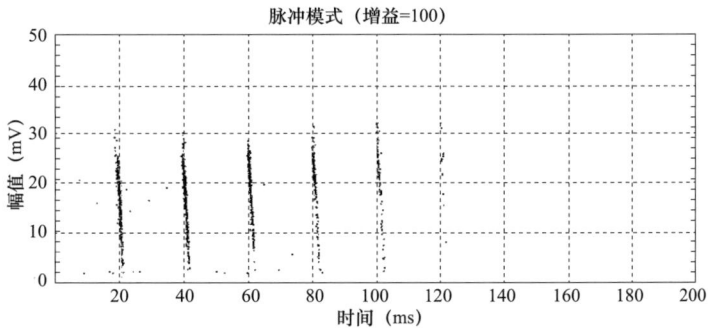

图 10－15　位置⑧处诊断检测超声波飞行模式图（AIA－2）

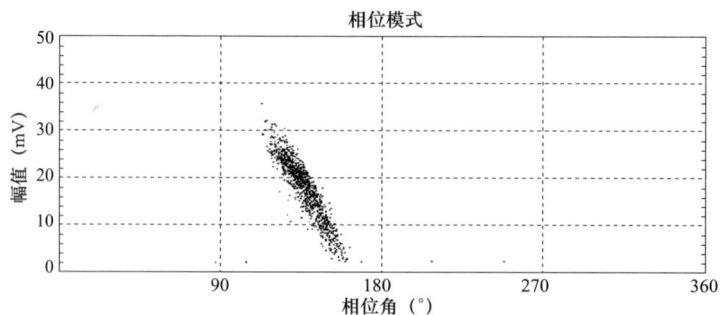

图 10-16　位置⑧处诊断检测超声波相位模式图（AIA-2）

位置⑧处检测图谱，其正下方法兰（绝缘盆的上法兰）处检测得到类似图谱，颗粒跳动信号非常明显。

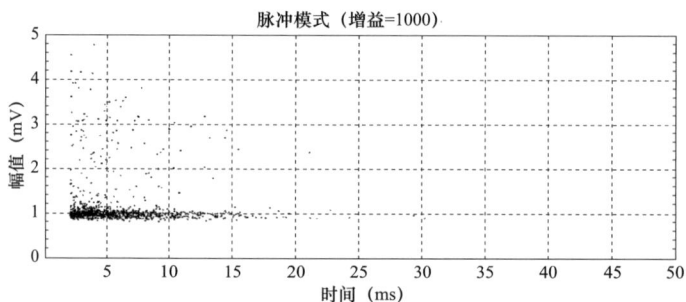

图 10-17　位置⑨处诊断检测超声波飞行模式图（AIA-2）

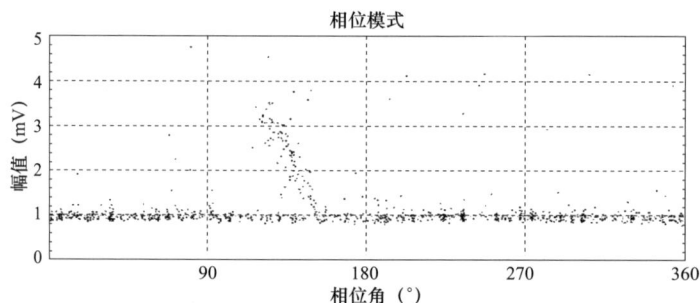

图 10-18　位置⑨处诊断检测超声波相位模式图（AIA-2）

位置⑨处有较为明显的颗粒跳动信号。

从上述测试结果看，自由颗粒缺陷应存在于位置⑥所在的平面上，且不同时间段检测到的超声波最大信号位置在不断变化，说明自由颗粒在 GIS 气室内随时处于跳动、飞行状态。

2. 采用 PDS-T90 进行超声波诊断检测

在采用 AIA-2 超声局部放电分析仪开展全面诊断后，再用 PDS-T90 进行检测。在信号最大处（图 10-2 中⑧附近）测得超声信号，同样发现了明显的颗粒跳动信号，如图 10-19 和图 10-20 所示。

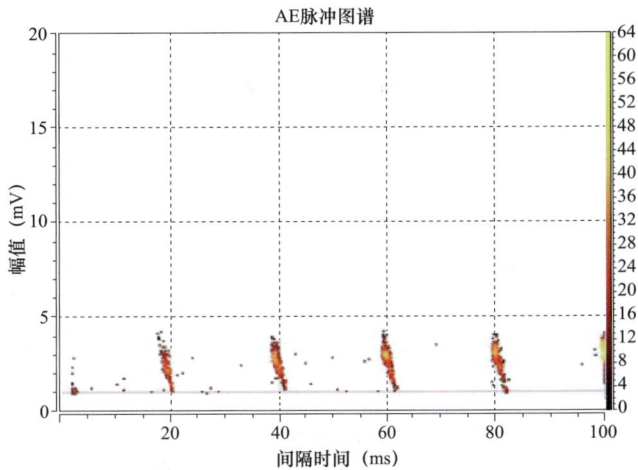

图 10-19　位置⑧处诊断检测超声波飞行模式图（PDS-T90）

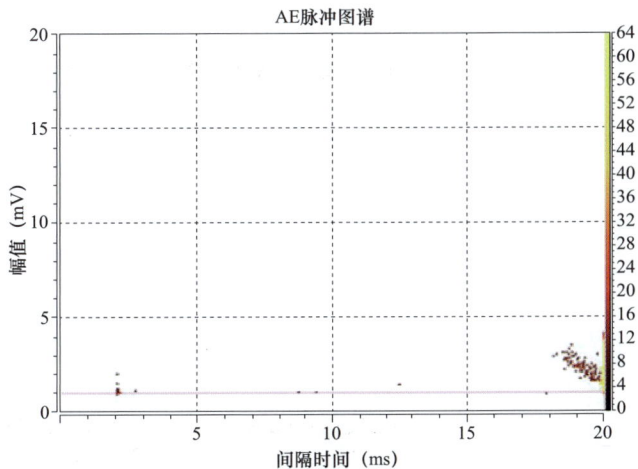

图 10-20　位置⑧处诊断检测超声波相位模式图（PDS-T90）

3. 采用 PDS-G1500 进行故障定位检测

即使 GIS 气室内的自由颗粒处于不断跳动、飞行状态，仍尝试采用 PDS-G1500 进行缺陷定位。由于没有发现特高频信号，采用两个超声波传感器进行双通道定位测量，测试位置与时域波形如图 10-21～图 10-26 所示。

定位检测后，确定该时间段内信号源位于图 10-2 中的位置与位置⑥b中间位置，即位置⑥a处的内部。

间歇 5h 之后，重新进行定位，发现信号源移动到位置⑦a处。重复进行 5 次定位，信号源均在该平面范围内移动，未出现在其他位置。

（四）综合分析

1. 气体成分分析及特高频检测结果分析

为了确定该颗粒是否引起放电，采用 JH5000D-4 型 SF$_6$ 气体综合检测仪，测得 H$_2$O

为 103.5μL/L，SO_2 和 H_2S 均为 0μL/L。

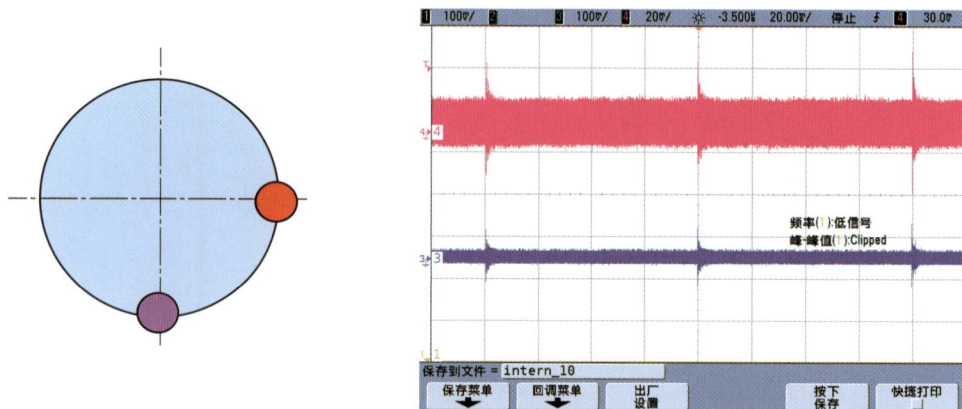

图 10-21　缺陷位置超声波信号定位位置与信号波形图 1（PDS-G1500）

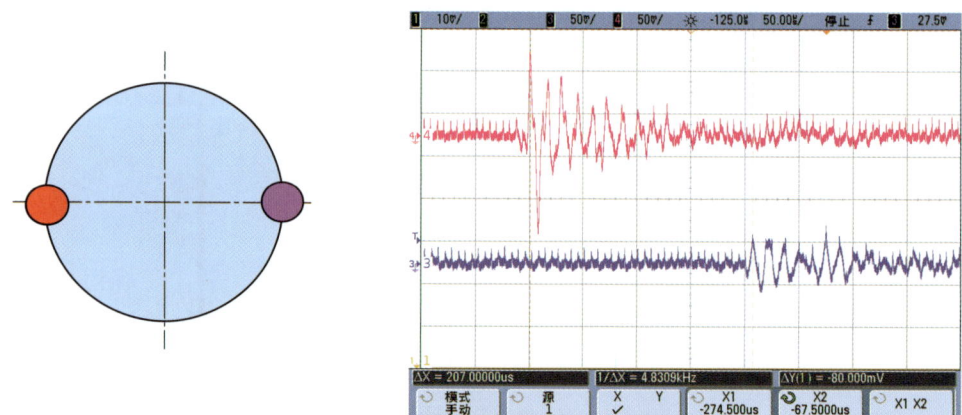

图 10-22　缺陷位置超声波信号定位位置与信号波形图 2（PDS-G1500）

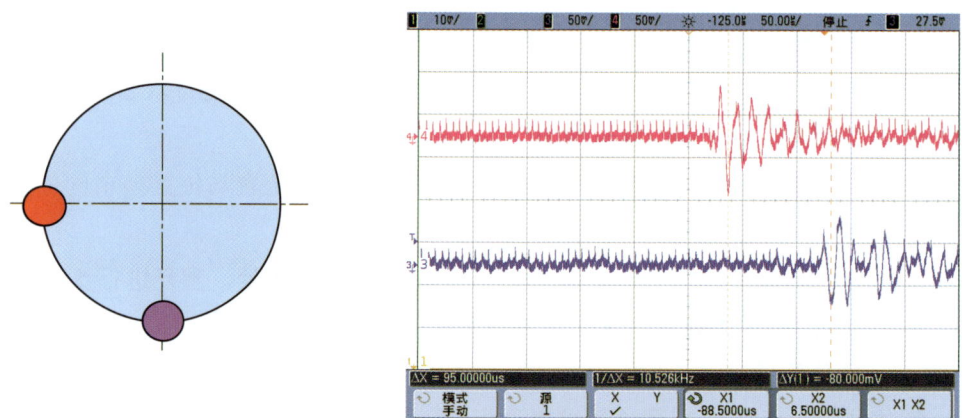

图 10-23　缺陷位置超声波信号定位位置与信号波形图 3（PDS-G1500）

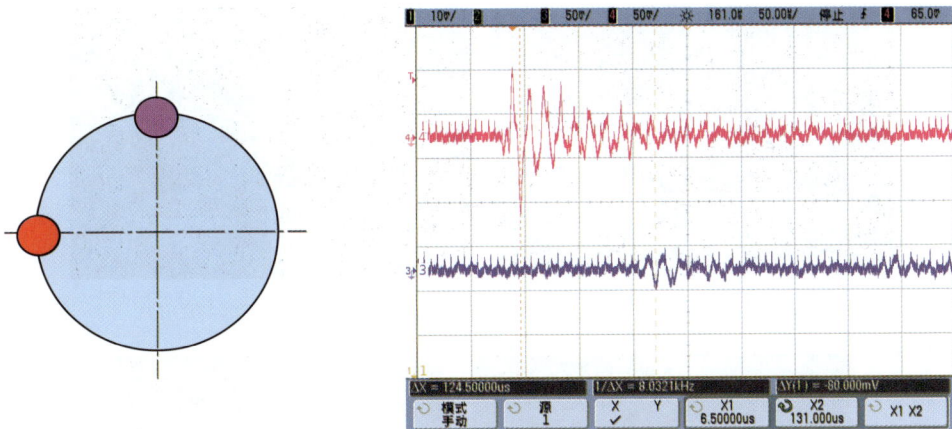

图 10-24　缺陷位置超声波信号定位位置与信号波形图 4（PDS-G1500）

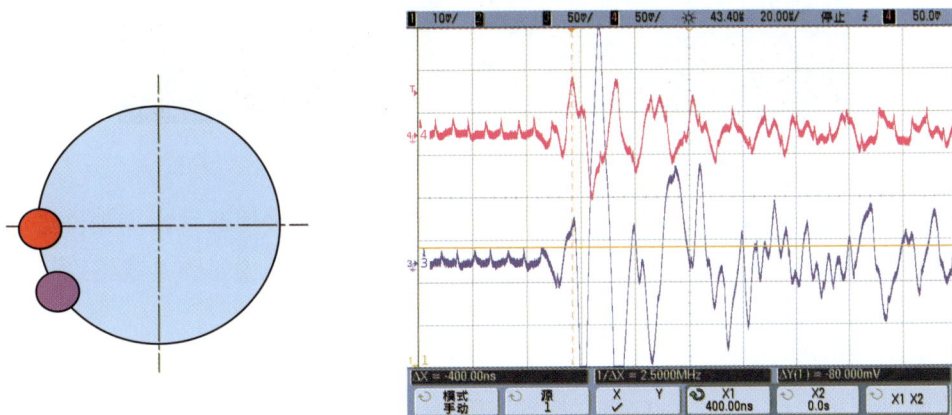

图 10-25　缺陷位置超声波信号定位位置与信号波形图 5（PDS-G1500）

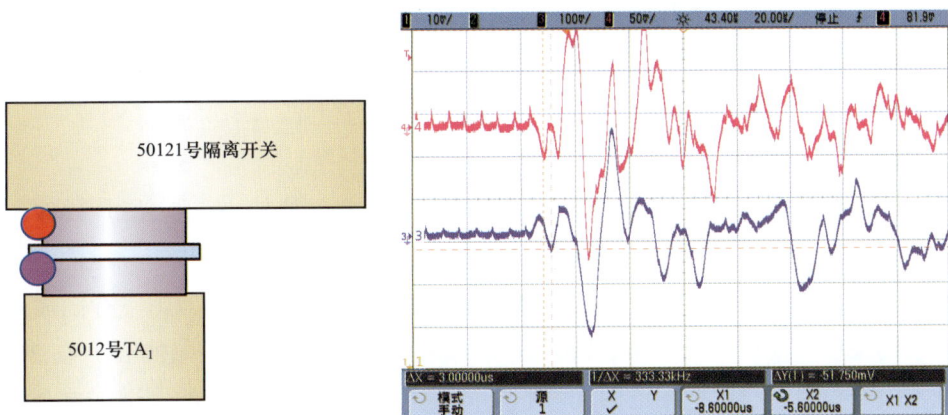

图 10-26　缺陷位置超声波信号定位位置与信号波形图 6（PDS-G1500）

采用 PDS-T90、DMS 等特高频局部放电检测仪，均未发现异常放电信号。特高频检测图谱如图 10-27 和图 10-28 所示。

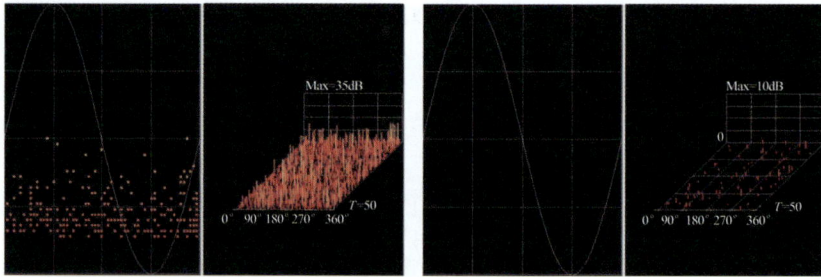

图 10-27 缺陷位置特高频检测背景与信号图谱图（PDS-T90）

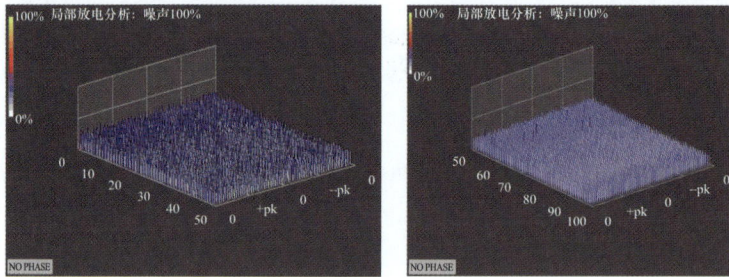

图 10-28 缺陷位置特高频检测背景与信号图谱图（DMS）

如前所述，气体成分未检出放电特征气体 SO_2 和 H_2S，采用两种特高频仪器均未发现有放电的特高频信号，说明该颗粒未引起放电。原因可能是由于该盆式绝缘子为向上凸起结构，四周边缘位置较低，该颗粒位于近壳体的低电场区。

2. 信号源分析

诊断过程中，在 5012 号 TA_1 C 相气室附近 A、B 相气室同位置处均未测得异常信号，说明该信号不是从 2 号主变压器等的振动传来，在 C 相 TA_1 上方的出线处、C 相 TA_2 处、C 相 TA_1 本体及其与断路器之间各处均未发现异常信号，说明该信号不是由两端传来。通过在 C 相 TA_1 上盆式绝缘子上方各处与上方隔离开关及接地隔离开关的各处测量数据分析可知，信号源位于 TA_1 上方的盆式绝缘子上。

3. 信号特征分析

从检测结果来看，连续模式峰值跳动幅值较大，有效值较小，不超过 1mV，而峰值可以超过 80mV（飞行图中得出），50Hz 相关性和 100Hz 相关性均有一定的数值，且有一定的变化，峰值系数较高，超过 80，特征与颗粒超声信号相似。飞行图显示，信号相对较为集中，飞行时间间隔 20ms 左右，最大飞行时间为 100~120ms。在 20ms 间隔内基本没有信号，与典型图谱的驼峰状不同，主要原因是驼峰状的图谱来自金属壳体上的颗粒，而本次异常颗粒来自盆式绝缘子上，少了超声波的反射等因素引起的信号。相位图显示具有明显的相位特征，形状为弯刀形，表明在一个周期内出现一次，这与飞行模式的间隔相对应。

4. 与国家电网系统类似检测案例对比

本次检测图谱特征与 2013 年 9 月 26 日国网重庆市电力公司长寿供电公司检测的 110kV 桃花变电站 1122 号隔离开关气室内部自由金属颗粒缺陷相似（参见《国家电网公司电网设备状态检修丛书　电位设备状态检测技术应用典型案例（上册）（2011～2013 年）》第 369～372 页）（简称案例）。案例中的飞行图同样为间隔 20ms 左右，最大飞行时间约为 160ms，由于案例中的自由金属颗粒在金属上跳动，间隔之间有较多的信号，驼峰状较为明显，案例解体发现有两个长 0.5～1cm 的螺旋状铝屑。

5. 异物特征分析

从前述的第四部分的检测数据情况分析，特征为典型的颗粒超声信号，并且该颗粒在不断变化位置，确认了颗粒在电场中跳动，可以判断异物的数量较少，数量为一个的可能性较大。

在电场中产生跳动，说明该异物在变化的电场中电荷集聚或迁移，形成带电体，在增大的电场中，电荷库仑力超过重力，产生跳动，基于此特征，可以判断该异物为自由金属颗粒的可能性较大。

该颗粒在同一位置跳动停留时间较长，位置变化存在一定的偶然性，判断该异物为球状的可能性较小。

该异物在一个周期内仅发生一次跳动，飞行间隔约 20ms，一个周期发生一次，最大飞行距离约 120ms，同时考虑与案例进行对比，判断该异物的尺寸较大。

三、解体验证

在采用 PDS－G1500，进行分析及定位测量图谱可以发现，该超声信号源为唯一，证明了前述得出的异物数量为一个的结论，同时判断信号源位于图 10－2 所示的位置⑥a处（由于颗粒跳动，位置可能变化，此处的位置为暂时的）。

对 50121 号隔离开关间隔进行开罐解体检查，开罐后发现在 50121 号隔离开关下方盆式绝缘子处存在不规则金属颗粒碎屑，长 10mm，如图 10－29 所示。经仔细检查，该气室内未发现放电痕迹。

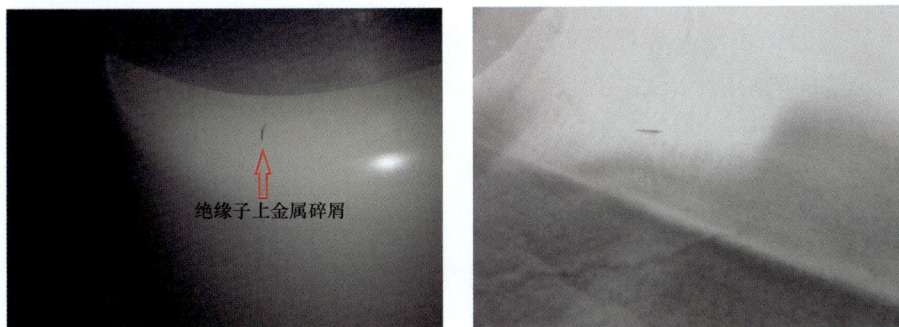

绝缘子上金属碎屑

图 10－29　开罐解体后在缺陷位置发现的金属碎屑

对气室内部做清洁处理后恢复运行，未再发现异常超声波信号。

第二节　某220kV GIS 部件接触不良导致悬浮电位放电缺陷

一、异常概况

2016 年 3 月，运行人员在进行某 220kV 变电站一次设备射频巡检的例行工作时，在 220kV 开关场 212 号母联回路附近发现异常信号，检测得到电磁波信号远高出背景信号。

2016 年 3 月 29 日，带电检测人员随即对该变电站进行了全站 GIS 的带电检测工作。检测发现，在该站 264 号间隔及其临近间隔的盆式绝缘子均存在稳定的特高频局部放电信号。通过对放电图谱的比对，发现在 2646 号 C 相隔离开关气室上的盆式绝缘子处测得信号最为明显，初步认为放电位置在该隔离开关盆式绝缘子附近。

现场检测环境概况如图 10-30 所示。

图 10-30　220kV 264 号间隔现场布置图

二、检测数据

（一）初测数据

2016 年 3 月，运维人员对该 220kV 变电站开展射频局部放电巡检工作过程中，发现 212 号母联间隔附近间隔信号异常，并及时上报。异常图谱如图 10-31 所示（红色为环境基线，蓝色为异常特征谱线）。

（二）复测数据

1. 射频信号复测

与相邻间隔比较，264 号间隔附近范围内射频局部放电信号异常特征明显，如图 10-32 所示。

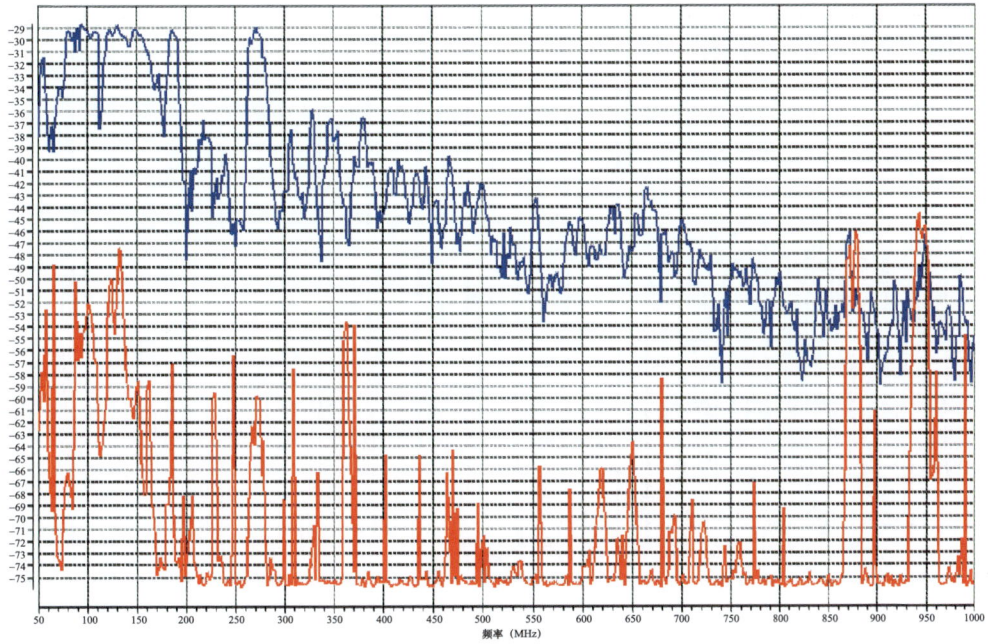

图 10-31　运维人员检测到的特高频射频信号图谱

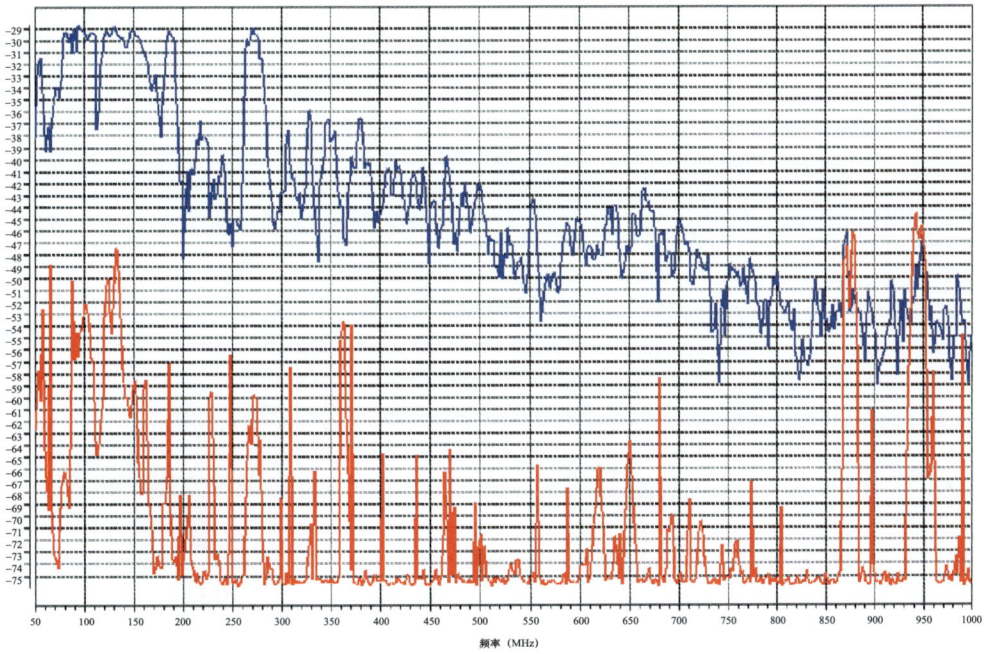

(a)

图 10-32　264 号及邻近间隔射频局部放电复测信号图谱（一）

（a）264 号间隔射频局部放电信号

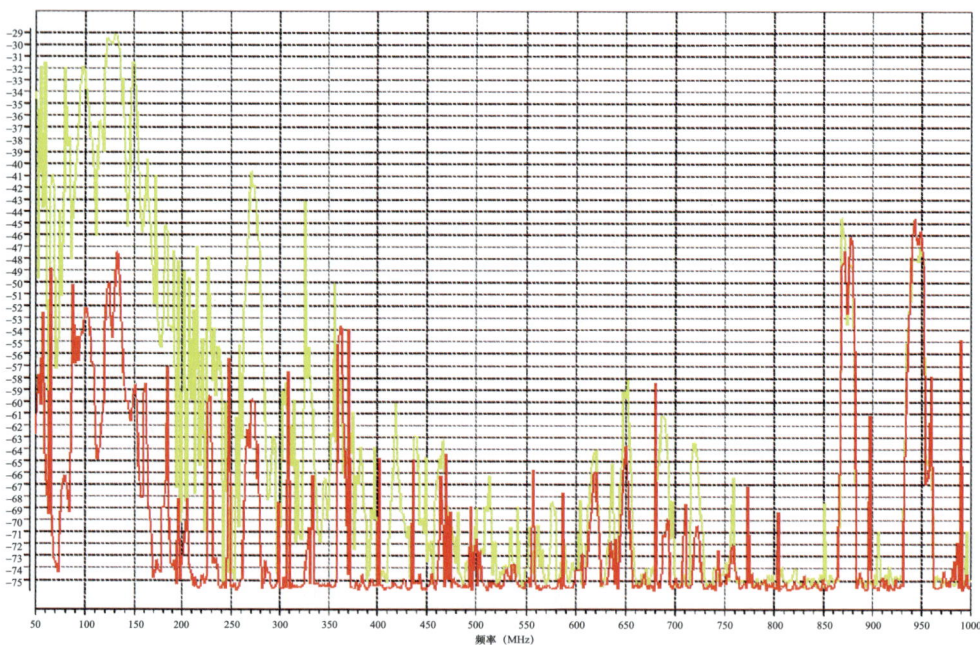

(b)

图 10-32   264 号及邻近间隔射频局部放电复测信号图谱（二）

(b) 邻近间隔射频局部放电信号

由检测图谱可初步判断缺陷位置就在 264 号间隔，且排除周围间隔存在其他局部放电干扰源的可能性。

2. 特高频局部放电检测

选取图 10-30 现场间隔位置中的盆式绝缘子作为特高频传感器信号采集点，依次测取 PRPS、PRPD 图谱。检测发现，2646 号隔离开关两端盆式绝缘子处放电信号特征最为明显。

检测时 2646 号隔离开关位置特高频局部放电信号如图 10-33 所示。

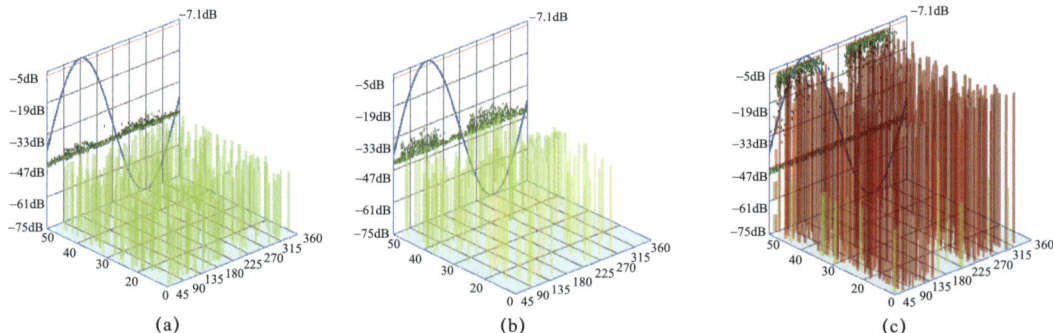

图 10-33   2646 号隔离开关特高频局部放电信号图谱

(a) A 相特高频信号；(b) B 相特高频信号；(c) C 相特高频信号

132

可以很明显地看出，在 2646 号隔离开关 C 相气室附近盆式绝缘子特高频信号明显，幅值较其他两相高，且有双簇现象，表现为悬浮放电。

更换检测设备对 2646 号隔离开关 C 相气室进行验证，获得如图 10-34 所示的特高频局部放电信号。

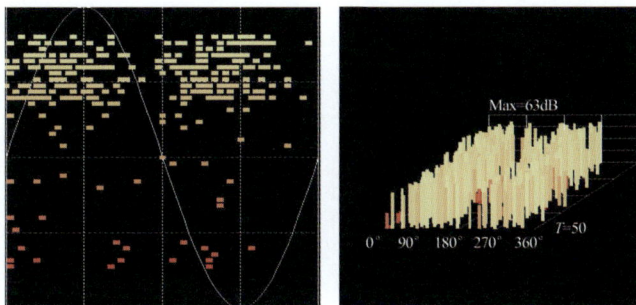

图 10-34　2646 号隔离开关 C 相气室特高频局部放电验证信号图谱

特高频局部放电信号稳定，特征明显。

3. 超声波局部放电检测

进行超声波局部放电检测，各检测位置数据见表 10-4。

表 10-4　　　　　　264 号间隔超声波局部放电检测有效数据对照表

检测位置	有效值（mV）	峰值（mV）	50Hz 相关性	100Hz 相关性
背景	0.25	1	0	0
母线侧 TA	0.4	2.0	0	0
断路器	3.5	12.5	0	0.15
2646 号隔离开关 C 相母线侧	5.0	18.0	0.1	0.15
2646 号 C 相隔离开关线中间位置	7.0	24.0	0.1	0.3
2646 号 C 相隔离开关线路侧	5.0	20.0	0.05	0.25
线路侧 TA	5.0	17.0	0.1	0.15
2646 号隔离开关 B 相	0.4	1.5	0	0
2646 号隔离开关 A 相	0.35	1.4	0	0

可见，超声波信号在 2646 号隔离开关 C 相气室中间位置最强，向两侧有明显降低趋势，且信号最强位置 100Hz 相关性明显。

改变测量频率范围，检测结果基本无变化，判断该异常信号源应位于 GIS 内部中心导体上。

4. SF_6 气体组分检测

随后对 2646 号隔离开关 C 相气室进行 SF_6 气体组分检测，H_2S 为 0.7μL/L、SO_2 为 19μL/L，SO_2 含量远超标准规定的注意值（1.0μL/L）。

（三）诊断定位

1. 垂直方向定位

采用两路特高频传感器，黄色置于2646号隔离开关C相气室出线侧盆式绝缘子处，紫色置于上方空气中，此时检测图谱如图10-35所示。

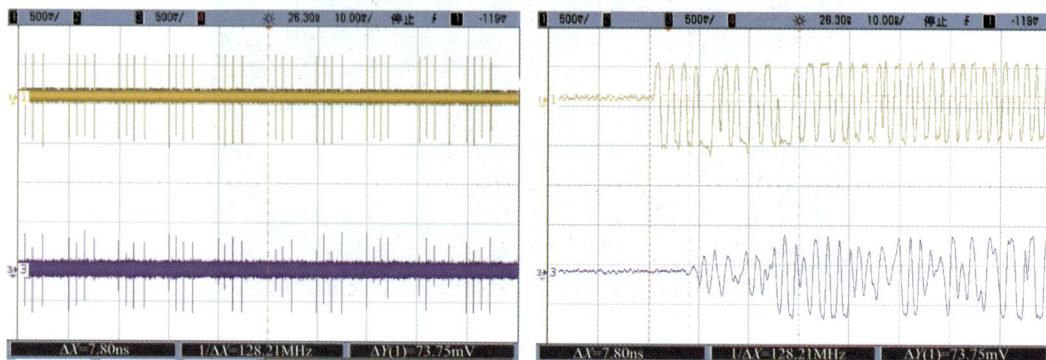

图10-35　垂直方向定位检测图谱

信号同源，且一个工频周期出现两次，与前述特高频信号双簇特征相对应，黄色信号超前于紫色信号。将紫色传感器移动至下方空气中，此时黄色信号仍超前于紫色信号。说明局部放电源在近2646号隔离开关设备侧。

2. 水平横向定位

采用两路特高频传感器，黄色置于2646号隔离开关C相气室出线侧盆式绝缘子处，紫色置于与黄色传感器同高度的空气中并作圆周移动，此时检测图谱如图10-36所示。

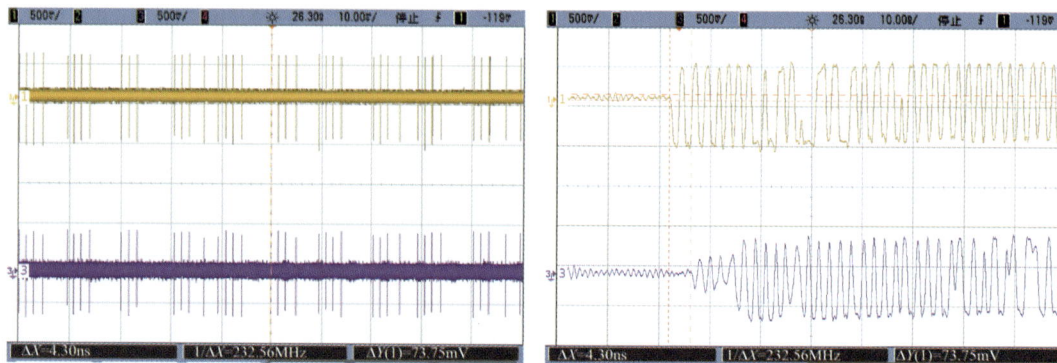

图10-36　水平环境方向定位检测图谱

同理可判断局部放电源在近2646号隔离开关设备侧。

3. 水平轴向定位

同样的两路传感器，黄色置于2646号隔离开关C相气室出线侧盆式绝缘子处，紫色置于母线侧盆式绝缘子处，检测图谱如图10-37所示。

黄色传感器信号仍然超前。将黄色传感器移动至 2646 号隔离开关 C 相气室靠母线侧盆式绝缘子处，检测图谱如图 10−38 所示。

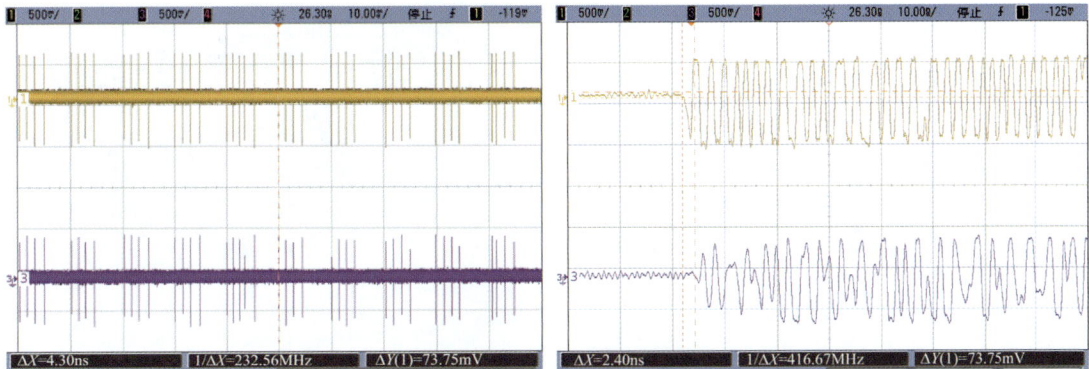

图 10−37　水平设备方向整体定位检测图谱

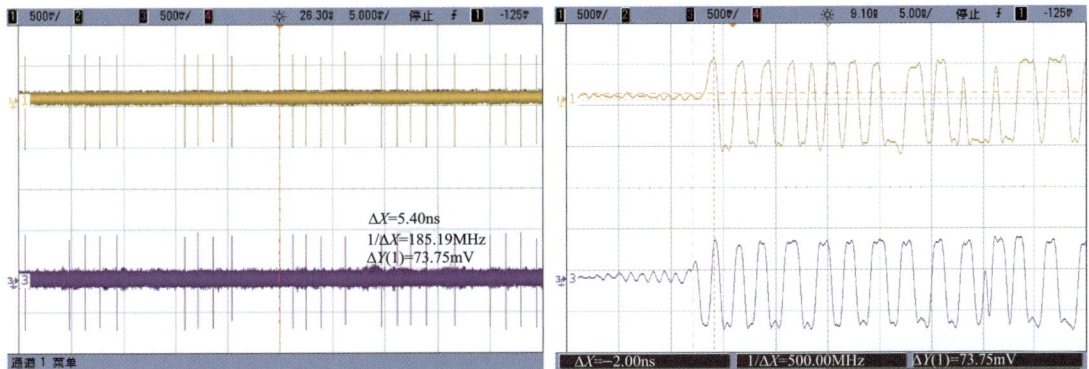

图 10−38　水平设备方向局部定位检测图谱

图示可知，两组起始沿较为接近，几乎同时到达信号采集器，说明局部放电源位于两个传感器中间。从现场布置情况看，两个传感器中间刚好为 2646 号隔离开关 C 相本体，因此认定 2646 号隔离开关 C 相存在局部放电缺陷。

（四）综合分析

2646 号隔离开关 C 相气室特高频局部放电检测信号幅值超出背景值较大范围，且信号呈明显双簇状，PRPS 和 PRPD 图谱均表现为典型悬浮电位放电特征；超声波检测时异常点幅值最大，100Hz 相关性大于 50Hz 相关性，与悬浮放电特征相符，改变频率范围测试结果不变，说明局部放电点位于内部导体上；该气室内 SO_2 含量为 $19\mu L/L$，超标。

经精确定位，确认局部放电缺陷位于 2646 号隔离开关本体。

三、解体验证

对 264 号间隔进行停电检查，发现 2646 号 C 相隔离开关传动拐臂拨叉弹簧位置接触不良，导致拐臂与导电杆间产生悬浮电位放电，下方连接导体内有大量的燃烧后粉尘状物质。局部放电源位置如图 10－39 所示。

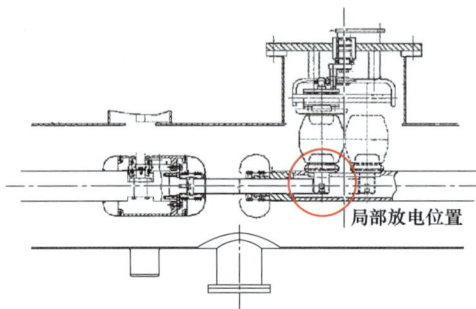

图 10－39　2646 号隔离开关局部放电源位置示意图

检修人员与厂方人员随即对该气室进行吸尘清理工作并更换了内部绝缘子及相关部件。

检修完成后，进行耐压和局部放电试验，未再发现异常。

第三节　某 220kV GIS 部件磨损导致悬浮电位放电缺陷

一、异常概况

2016 年 5 月 11 日，对某 220kV 变电站进行年度周期计划一次设备带电检测过程中，在 220kV 3 号主变压器 203 号开关回路测得较为明显的放电信号。2016 年 5 月 12 日，对 220kV 3 号主变压器 203 号开关回路进行精确测量，基本判断放电点在 2036 号隔离开关 A 相气室内 2036 号隔离开关处，放电类型为悬浮电位放电。且在测量过程中发现，13:00～16:00，放电信号稳定且持续，其余时间段内放电信号不明显。

停电开罐检查后，发现隔离开关多次动作后，接触面磨损导致接触不良，使得齿轮箱输出轴、绝缘杆上法兰键槽间产生电位差，形成悬浮电位放电。处理后，放电信号消失。

现场检测环境概况如图 10－40 所示。

图 10－40　被测设备现场环境概况图

二、检测数据

（一）初测数据

5月11日，在使用 PDS100 射频巡检仪进行检测时发现 203 号间隔附近特高频信号较大，异常图谱如图 10-41 和图 10-42 所示（红色为环境基线，蓝色为异常特征谱线），邻近正常间隔测试图谱如图 10-43 所示（红色为环境基线，黄色为实际测试谱线）。

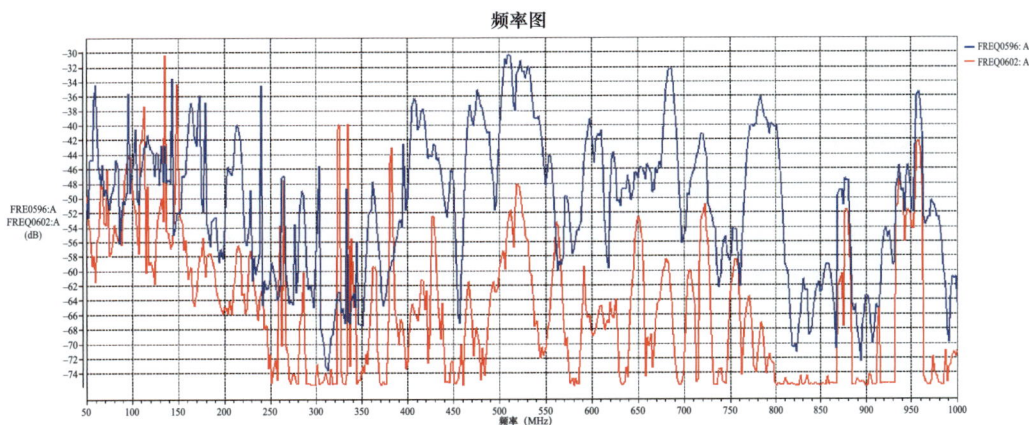

图 10-41　缺陷位置初测时的特高频射频信号频域图谱

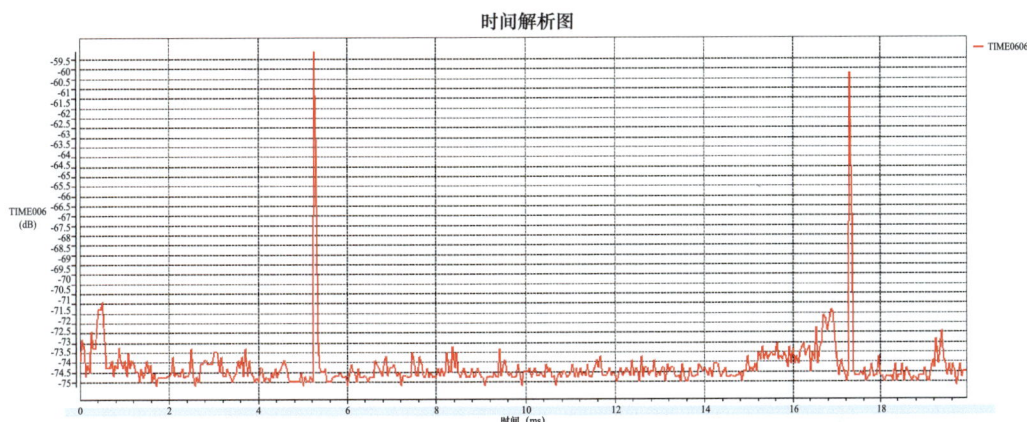

图 10-42　缺陷位置初测时的特高频射频信号时域图谱

从图中可较为明显地看出，在 300～1000MHZ 全频段均有较明显的特高频信号出现，且在时域模式下一个周期内有两处明显的信号。因此，初步判断 203 号间隔附近有可能存在局部放电信号。

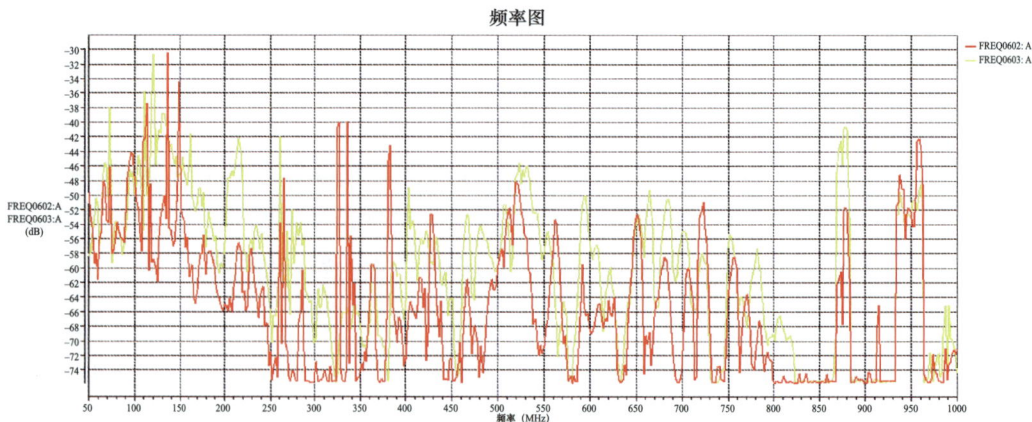

图 10-43 邻近正常位置初测时的特高频射频信号频域图谱

（二）复测数据

1. 特高频局部放电检测数据

2016 年 5 月 12 日，在 2036 号隔离开关气室与 20360 号接地隔离开关间盆式绝缘子处特高频检测图谱如图 10-44 所示。

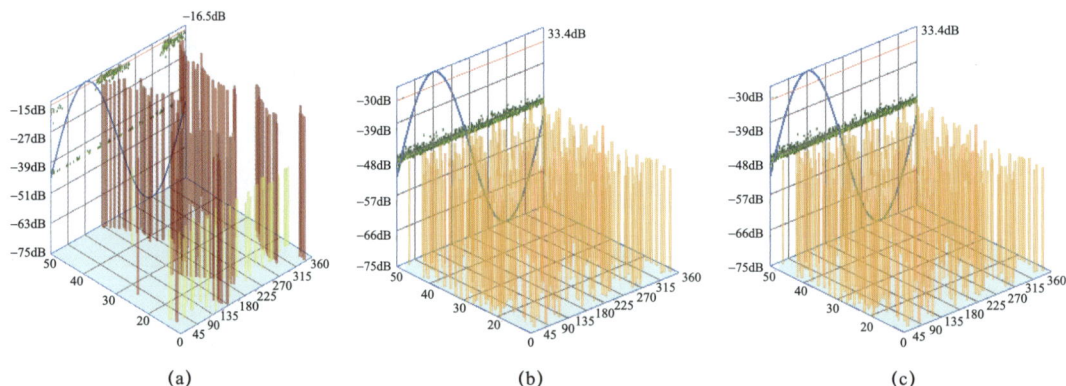

图 10-44　2036 号隔离开关特高频局部放电信号图谱

（a）A 相特高频信号；（b）B 相特高频信号；（c）C 相特高频信号

从图中明显可以看出，在 2036 号隔离开关气室 A 相附近盆式绝缘子特高频信号明显，且有双簇现象，表现为典型悬浮电位放电。

更换检测设备对 2036 号隔离开关 A 相气室进行验证，获得如图 10-45 所示的特高频局部放电信号。

特高频局部放电信号稳定，特征明显。

综合以上两种仪器检测结果，可知 203 号间隔附近存在特高频局部放电信号，从图谱特征来看，表现为悬浮放电特征。从 PD71 和 T90 检测幅值来看，A 相测量幅值较大，局部放电源位于 A 相的可能性较大。203 号间隔 B、C 相未检测到特高频信号，是由于该间隔盆式绝缘子为金属屏蔽但有浇注孔，缺陷相信号的特高频信号通过盆式绝缘子传播到其他相中的信号较弱。

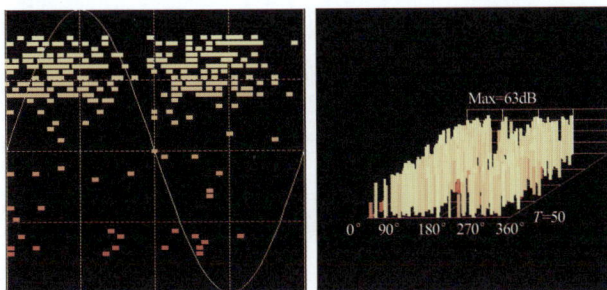

图 10-45　2036 号隔离开关 A 相气室特高频局部放电验证信号图谱

2. 超声波局部放电检测数据

随后采用 AIA-2 超声波局部放电检测仪对 220kV 3 号主变压器 203 号间隔进行超声波局部放电检测，检测位置及测量值见表 10-5，超声图谱如图 10-46 和图 10-47所示。

表 10-5　　　　　　　　　203 号间隔超声波局部放电检测数据表

检测位置	有效值（mV）	峰值（mV）	50Hz 相关性	100Hz 相关性
背景	0.4	2	0	0.05
20360 号 A 相接地开关	0.4	2.5	0	0
2036 号 A 相隔离开关	12	50	0	5
20340 号 A 相接地开关	10	40	0	4
线路侧 TA	0.45	3	0	0
203 号断路器上部	0.35	1.8	0	0
20360 号 B 相接地开关	0.4	1.7	0	0
2036 号 B 相隔离开关	0.4	1.5	0	0
20340 号 B 相接地开关	0.4	1.5	0	0
20360 号 C 相接地开关	0.35	1.4	0	0
2036 号 C 相隔离开关	0.35	1.4	0	0
20340 号 C 相接地开关	0.35	1.4	0	0

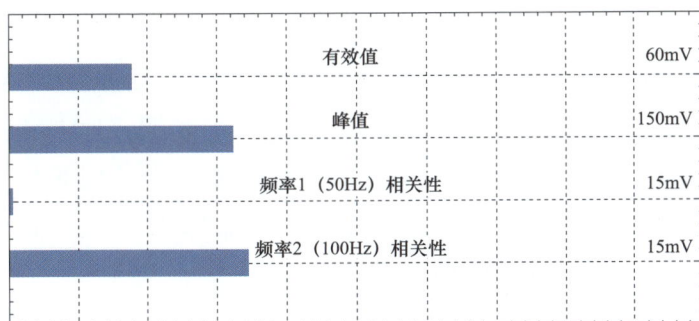

图 10-46　2036 号 A 相隔离开关超声波连续模式图

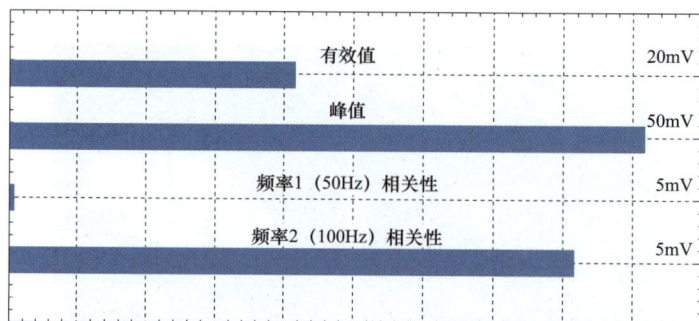

图 10-47 20340 号 A 相接地开关超声波连续模式图

通过检测数据可知，A 相 2036、20340 号部位超声测量结果较背景值有大幅增长，且有 100Hz 相关性，而 B、C 两相各部分测量结果与背景值较为接近，无 50/100Hz 相关性。故判断 203 号间隔 A 相超声波测量异常，从图谱类型来看为悬浮放电类型，但相位图谱有明显特征，在一个工频周期内呈现两簇。

对 A 相在 20360、2036、20340 号处选择 1 测量点，线路侧 TA 选择 1 测量点，断路器取一个测量点。通过对各测量点进行幅值比较，发现 2036 号隔离开关气室位置处幅值较大，随着测量点距离 2036 号隔离开关气室越来越远，超声波测量幅值也逐步减小，直至正常。故根据超声波幅值定位法判断 2036 号隔离开关气室存在异常。

3. SF_6 气体成分检测

随后对 2036 号隔离开关气室进行气体成分检测，该气室 H_2S 为 $0\mu L/L$、SO_2 为 $0\mu L/L$、H_2O 为 $79\mu L/L$。未能证明内部存在放电现象。这是由于此间隔气体为三相连通式，测量口位于 C 相位置处，距离 A 相较远。

（三）诊断定位

为了更进一步精确地对故障点进行定位，采用 PDS—G1500 局部放电定位仪进行定位，如图 1-3-1 所示。由于特高频检测方法在 203 号间隔 B、C 两相中未检测到放电特征，因此此次定位将只在 2036 号隔离开关气室 A 相进行。

1. 声电联合图谱

采用两路特高频传感器和一路超声波传感器，红色特高频传感器布置于 2036 号隔离开关左侧盆式绝缘子处，紫色特高频传感器放置在 20340 号接地隔离开关侧盆式绝缘子处，绿色超声传感器放置在 2036 号隔离开关位置 GIS 外壳侧下方，此时检测图谱（10ms）如图 10-48 所示。图中可以看到三者信号同源性较好。且一个工频周期出现两次，与前述特高频信号双簇特征相对应。

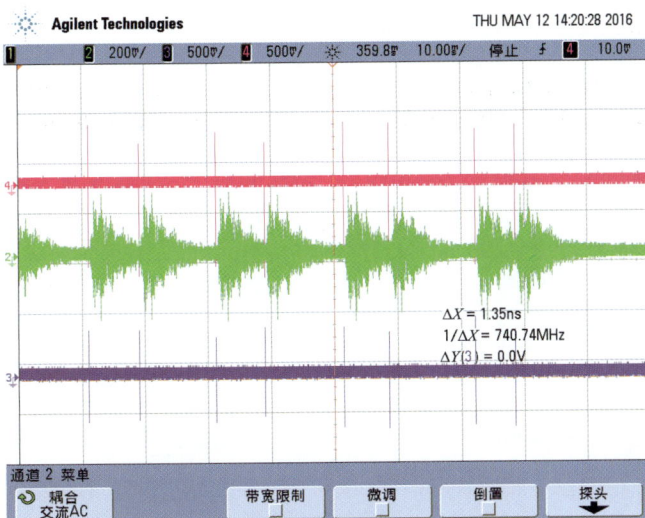

图 10-48　声电联合同源信号图（10ms）

2．水平方向定位

（1）采用两路特高频传感器，红色特高频传感器布置于 2036 号隔离开关左侧盆式绝缘子（测试点 1）处，紫色特高频传感器放置在 20340 号接地隔离开关侧盆式绝缘子（测试点 2）处，此时检测图谱（10ms）如图 10-49 所示。

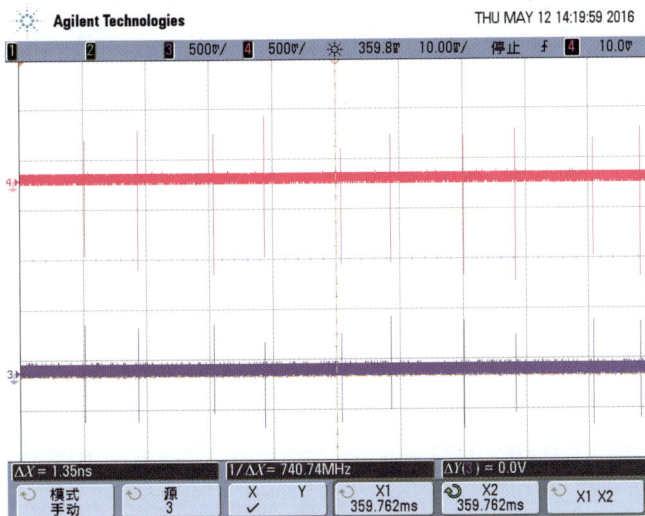

图 10-49　水平方向定位图（10ms）

其 10ns 定位图如图 10-50 所示，图中红色信号要超前于紫色信号，说明红色传感器更靠近局部放电源。从图中可看出，红色信号超前 1.35ns，根据测算可得知，红色传感器超前 0.4m。从图 10-40 可以看出，测试点 1 与测试点 2 相距 1.6m，根据测试图测算结果显示，该信号源位于 2036 号隔离开关处。

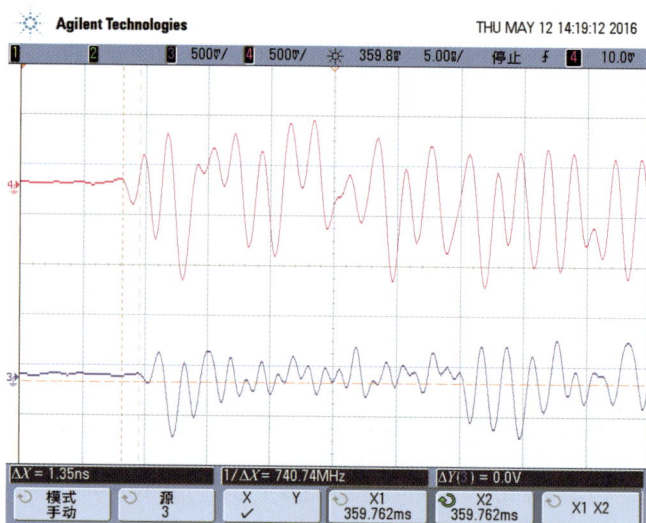

图 10－50　水平方向定位图（10ns）

（2）采用两路特高频传感器，红色特高频传感器布置于 20360 号接地隔离开关左侧盆式绝缘子（测试点 3）处，紫色特高频传感器放置在 20340 号接地隔离开关侧盆式绝缘子（测试点 2）处，此时检测图谱（10ms）如图 10－51 所示。

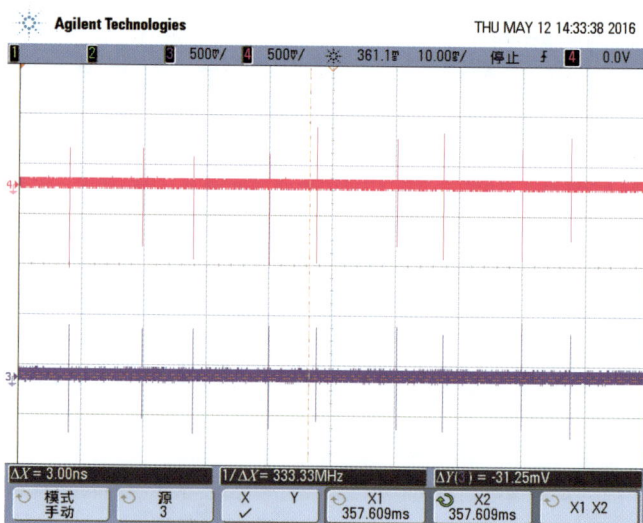

图 10－51　水平方向定位图（10ms）

其定位图如图 10－52 所示，图中红色信号与紫色信号基本一致，说明两个传感器到局部放电源距离一样，从图 10－40 可以看出，测试点 2 与测试点 3 相距 2.4m，其中心位置为 2036 号隔离开关，说明该信号源位于 2036 号隔离开关处。

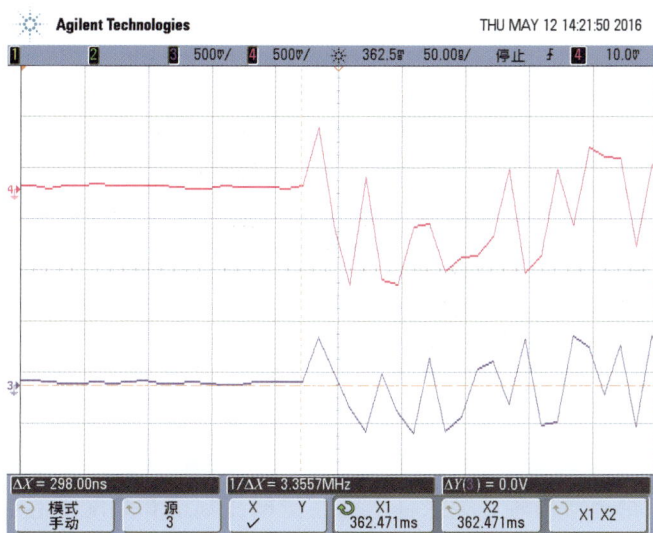

图 10-52 水平方向定位图

三、解体验证

5月17日，联合厂家人员共同对该站220kV GIS 2036号A相气室进行解体检查，在隔离开关绝缘杆上法兰键槽内发现局部放电产生的粉末，在齿轮箱输出轴上发现单侧磨损痕迹，如图10-53和图10-54所示。

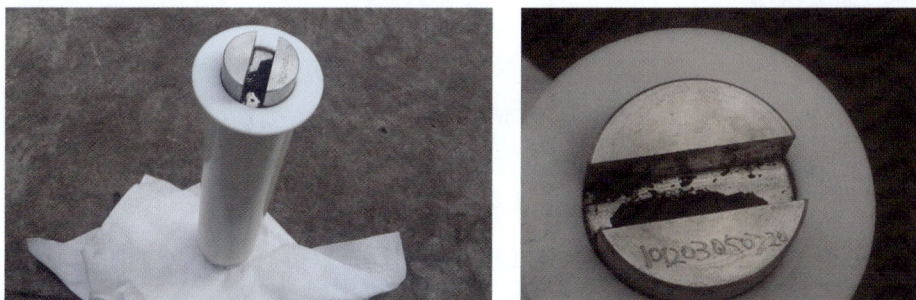

图 10-53　绝缘杆上法兰键槽内有深色粉末

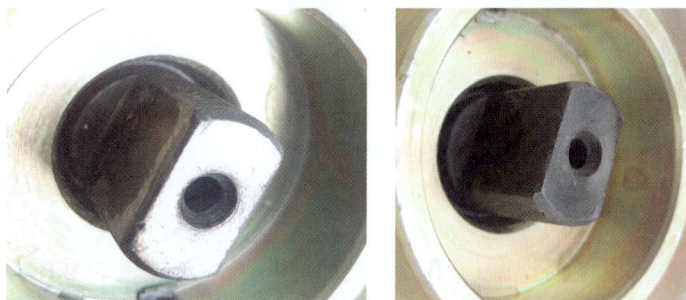

图 10-54　齿轮箱输出轴单侧磨损痕迹

局部放电位置结构如图 10-55 所示。

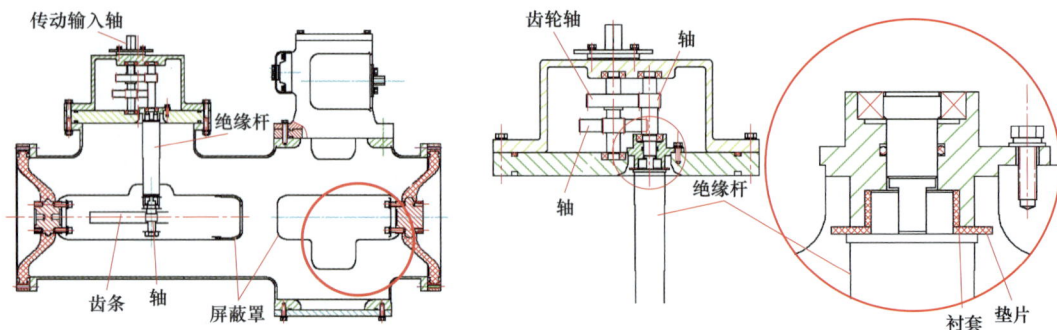

图 10-55　局部放电位置示意图

分析认为，齿轮箱输出轴、绝缘杆上法兰键槽在制造和装配上存在误差，导致输出轴仅能与键槽单面接触。隔离开关多次动作后，接触面磨损导致接触不良，使得齿轮箱输出轴、绝缘杆上法兰键槽间产生电位差，形成悬浮电位放电。

第四节　某 220kV 金属氧化物避雷器内部受潮劣化缺陷

一、异常概况

2016 年 12 月 21 日，对某 220kV 变电站一次设备开展红外热像精确测温工作中发现，220kV 2 号主变压器高压侧 202 号避雷器 A、B 相顶端存在异常发热，初步判断为顶部受潮。

2017 年 1 月 5 日，复测诊断时该现象仍然存在，短时间内无明显劣化趋势。

2017 年 1 月 10 日，对该站主变压器高压侧避雷器进行阻性电流带电检测，A、B 相阻性电流峰值偏大。

2017 年 3 月 10 日，对该间隔三相避雷器进行停电例行试验，A、B 相 75%U_{1mA} 下的泄漏电流偏大。

2017 年 3 月 12 日，对该间隔三相避雷器整体更换。

二、检测数据

（一）泄漏电流表数据

现场检查 202 号避雷器泄漏电流表读数，并与该站新投运的 201、203 号避雷器泄漏电流表读数进行对比，两次检测工作中泄漏电流未发生变化，详细数据见表 10-6。

表 10-6 　　　　　　　　　　201、202、203 号避雷器泄漏电流　　　　　　　　　　单位：mA

泄漏电流表位置	202 号	201 号	203 号
A 相	0.79	0.41	0.40
B 相	0.81	0.39	0.39
C 相	0.51	0.39	0.40

（二）外观检查

2017 年 1 月 5 日，使用高倍望远镜观测 202 号避雷器外观，金属法兰与均压环掉漆严重，存在大面积锈蚀现象，外绝缘瓷套表面无明显集中性污秽。

（三）红外热像检测

1. 红外热像初测图谱

检测时间：2016 年 12 月 21 日。

环境温度：9℃。

相对湿度：72%。

202 号负荷电流：99A。

初测红外热像图谱分别如图 10-56（三相整体）、图 10-57（A 相）、图 10-58（B 相）、图 10-59（C 相）所示。

图 10-56　202 号避雷器红外热像初测图谱（三相整体）

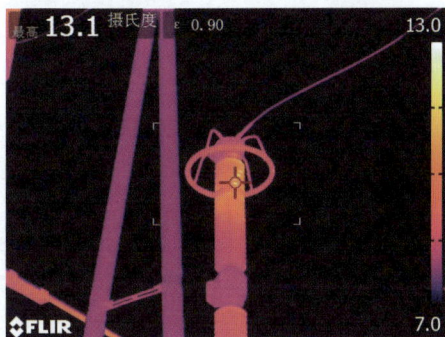

图 10-57　202 号避雷器红外热像初测图谱（A 相）

图 10-58　202 号避雷器红外热像初测图谱（B 相）

图 10-59　202 号避雷器红外热像初测图谱（C 相）

2. 红外热像复测图谱

检测时间：2017 年 1 月 5 日。

环境温度：11℃。

相对湿度：70%。

202 号负荷电流：108.6A。

复测红外热像图谱分别如图 10-60（A 相）、图 10-61（B 相）、图 10-62（C 相）
所示。

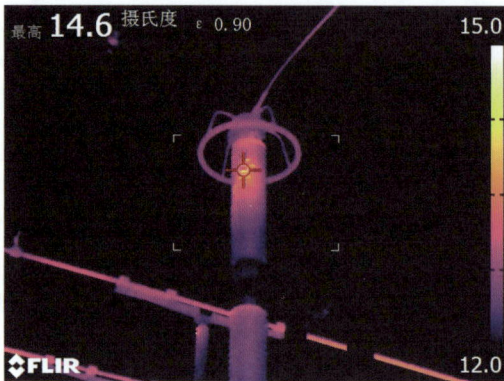

图 10-60　202 号避雷器红外热像
复测图谱（A 相）

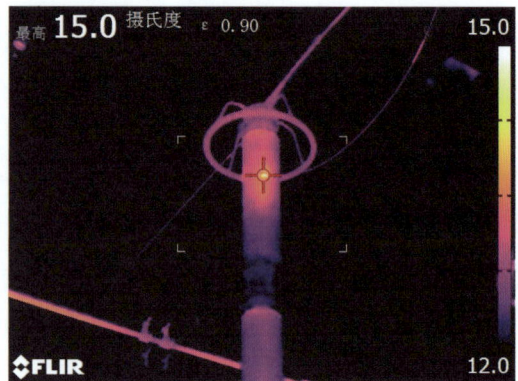

图 10-61　202 号避雷器红外热像
复测图谱（B 相）

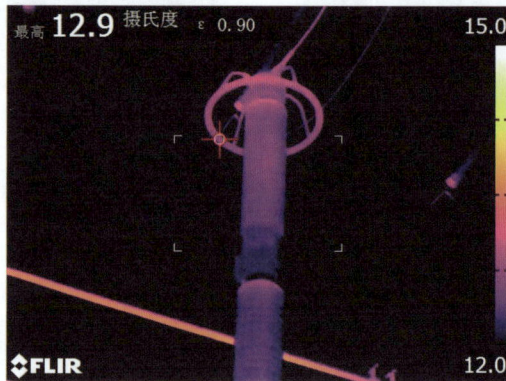

图 10-62　202 号避雷器红外热像复测图谱（C 相）

（四）阻性电流检测

对该站主变压器高压侧避雷器进行阻性电流带电检测，检测数据见表 10-7。

检测时间：2017 年 1 月 10 日。

环境温度：12℃。

相对湿度：68%。

表 10-7		201、202、203 号避雷器阻性电流		单位：mA
检测位置	全电流有效值	阻性电流峰值	容性电流峰值
202 号 A 相	0.661	0.109	0.928
202 号 B 相	0.581	0.095	0.815
202 号 C 相	0.454	0.074	0.637
201 号 A 相	0.403	0.065	0.566
201 号 B 相	0.402	0.065	0.564
201 号 C 相	0.387	0.063	0.543
203 号 A 相	0.409	0.066	0.574
203 号 B 相	0.371	0.061	0.521
203 号 C 相	0.409	0.066	0.573

（五）停电检查试验

2017 年 3 月 10 日，利用该站 220kV 2 号主变压器技改停电机会，对 202 号避雷器三相开展直流电压测试，发现 A、B 相 $75\%U_{1mA}$ 下的泄漏电流明显偏大，与该站 201、203 号避雷器近期试验数据相比较，$75\%U_{1mA}$ 下泄漏电流高出近 70%，测试数据虽在合格范围内，但有明显劣化趋势。

直流电压测试结果与上文所述测试结果相符。

三、解体验证

现已完成三相避雷器整体更换工作，对缺陷特征最为严重的 A 相避雷器进行解体，发现该避雷器顶部锈蚀严重，内部金属压板已锈穿，本体顶部金属氧化物阀片存在严重受潮现象，金属氧化物阀片表面污损劣化。

解体现场如图 10-63～图 10-65 所示。

图 10-63 202 号 A 相避雷器顶部严重锈蚀痕迹

图 10-64　202 号 A 相避雷器顶部金属压板已锈穿

图 10-65　202 号 A 相避雷器金属氧化物阀片已严重受潮污损

　　从解体情况看，避雷器顶部防水密封面已严重破坏，形成贯穿性锈蚀缺陷，导致内部金属氧化物阀片严重受潮污损，形成避雷器电压致热型发热缺陷。

　　避雷器内部受潮、金属氧化物阀片劣化属于典型的电压致热型缺陷，其红外热像图谱信息中温升及相对温差较小，运维人员在检测过程中易忽视，若不能及时发现并尽快处理将导致避雷器炸裂甚至更严重的后果。建议在红外热像检测工作过程中，强调以红外热像图谱特征判断为主，严禁单纯以热点温度和相对温差作为判断依据。同时，每年宜进行一次专业化的红外热像精确测温工作，及时发现该类型缺陷。

第五节　某 110kV 金属氧化物避雷器内部受潮劣化缺陷

一、异常概况

2017 年 4 月 20 日，对某 220kV 变电站一次设备开展红外热像精确测温工作中发现，110kV 1 号母线避雷器 B 相中部存在异常发热，现场人员初步判断为污秽导致，建议进行清扫后复测。

2017 年 4 月 25 日，经带电检测专业化团队技术分析，并结合现场可见光照片，认为污秽导致此种类型异常发热的可能性不大，更大可能性应为内部缺陷产生的电压致热型缺陷。

2017 年 4 月 28 日，对该避雷器进行阻性电流带电测试，现场人员未发现数据异常。

2017 年 6 月 1 日，在迎峰度夏前期对该避雷器进行复测诊断，图谱分析属于电压致热型危急缺陷。

2017 年 6 月 21 日，重新对该避雷器进行阻性电流带电测试，数据不合格，再次确认缺陷。

2017 年 6 月 29 日，对该避雷器进行更换。

二、检测数据

1. 红外热像初测

2017 年 4 月 20 日，对该站一次设备开展红外热像精确测温（环境温度 29.5℃，相对湿度 69%）工作中发现，110kV 1 号母线避雷器 B 相中部存在异常发热，现场人员初步判断为污秽导致，建议进行清扫后复测。

初测红外热像图谱如图 10-66 和图 10-67 所示。

图 10-66　110kV 1 号母线避雷器
红外热像初测图谱（三相整体）

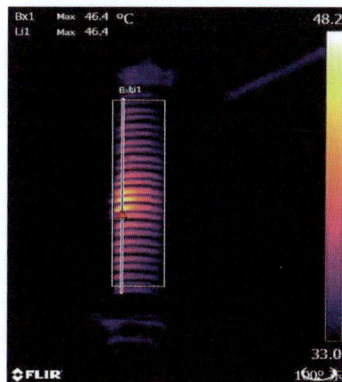

图 10-67　110kV 1 号母线避雷器
红外热像初测图谱（B 相）

初测的红外热像图谱信息内容显示，现场环境温度接近 30℃，疑似缺陷的 B 相避雷器中下部位置整体呈现较均匀的发热，不排除污秽导致热像异常的可能性。但是，后续通过现场可见光照片比对，该位置无明显积污现象，附近无其他干扰热源。

经带电检测专业化团队技术分析，认为更大可能性为避雷器内部缺陷导致的异常发热。

2. 阻性电流初测

2017 年 4 月 28 日，对该站 110kV 1 号母线避雷器进行阻性电流测试，现场人员未发现数据异常。

一方面可能是因为测试当天及此前数日现场空气环境较为干燥，避雷器在正常状态下运行；另一方面，存在检测仪器失准甚至检测人员操作失误的可能性。

督促运维人员持续跟踪观察该避雷器泄漏电流变化，监视运行。

3. 红外热像复测

2017 年 6 月 1 日，结合迎峰度夏对该站 110kV 1 号母线 B 相避雷器进行红外热像精确测温复测（环境温度 33.2℃，相对湿度 70%）。

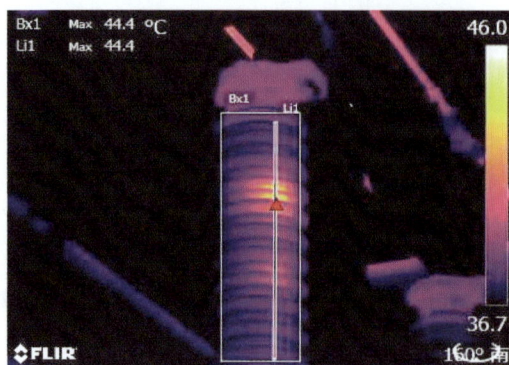

图 10-68　110kV 1 号母线 B 相避雷器红外热像复测图谱

其红外热像图谱如图 10-68 所示。

复测的红外热像检测图谱信息内容显示，避雷器热点由初测时的中下部位置转移至上端位置，且热像呈现较为典型的避雷器阀片受潮劣化特征，区域性整体发热。

判断为阀片受潮劣化，且受潮情况较为严重，随着气候条件的变化，内部不同位置的受潮程度有所变化，应为电压致热型危急缺陷。

4. 阻性电流复测

2017 年 6 月 21 日，再次对该站 110kV 1 号母线避雷器进行阻性电流带电测试（环境温度 35.8℃，相对湿度 65%），发现 B 相数据明显偏大，建议尽快更换该位置 B 相避雷器。

检测数据见表 10-8。

表 10-8　　　　　　　　**110kV 1 号母线 B 相避雷器阻性电流**　　　　　单位：mA

检测位置	全电流有效值	阻性电流峰值	容性电流峰值
110kV 1 号母线　A 相	0.319	0.058	0.512
110kV 1 号母线　B 相	0.533	**0.087**	0.803
110kV 1 号母线　C 相	0.342	0.064	0.486

5. 停电检查试验更换

2017 年 6 月 29 日，对该站 110kV 1 号母线避雷器进行直流电压测试，发现 B 相避雷器 $75\%U_{1mA}$ 下的泄漏电流明显偏大。

对 B 相避雷器进行更换。

三、解体验证

对 110kV 1 号母线 B 相避雷器进行解体，该避雷器为无隔弧筒设计，上下密封均有大量锈蚀进水痕迹，压紧弹簧锈蚀严重，阀片整体严重受潮。

解体现场如图 10-69～图 10-71 所示。

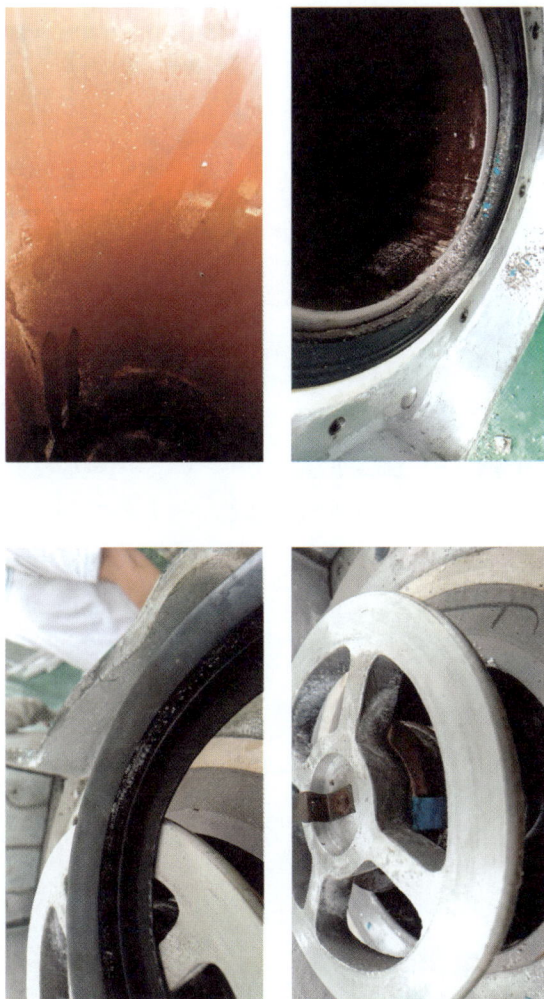

图 10-69 110kV 1 号母线 B 相避雷器解体发现受潮痕迹（一）

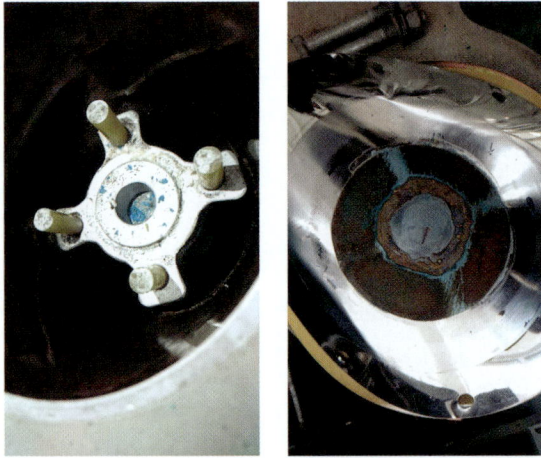

图 10-69 110kV 1 号母线 B 相避雷器解体发现受潮痕迹（二）

图 10-70 110kV 1 号母线 B 相避雷器压紧弹簧锈蚀严重

图 10-71 110kV 1 号母线 B 相避雷器本体阀片严重受潮劣化

从解体情况可见，该相避雷器已经受了相当长时间的受潮劣化工况运行，随时有发展成为严重故障的可能。

避雷器电压致热型缺陷，容易受污秽、附近干扰热源影响，许多现场工作人员轻易地将其归结为污秽原因所致。

在遇到类似情况时，建议结合多种分析手段，多次反复检测确认，排除故障可能。对避雷器设备来说，红外热像检测与阻性电流测试相结合，基本能判断出其运行状态是否正常，必要时结合外观检查等手段，综合分析。

第六节　某220kV GIS气室内放电引起主变压器跳闸事故

一、异常概况

2013年7月7日，某220kV变电站1号主变压器保护动作出口，主变压器三侧开关跳闸。1号主变压器外观无明显异常，其余全站一、二次设备无异常。对1号主变压器进行试验检测，试验数据无异常。

2013年7月8日，对1号主变压器三侧GIS气室进行SF_6气体成分检测，发现201号断路器靠2016号隔离开关侧TA气室数据异常，SO_2含量为5.8μL/L，其余气室SF_6气体成分含量无异常。

2013年7月9日，对201号断路器气室进行开罐，使用工业内窥镜检查发现201号断路器B相TA与2016号隔离开关隔离绝缘子靠TA侧导体有放电痕迹。

二、检测数据

1. 主变压器检查试验数据

2013年7月7日，对220kV 1号主变压器进行检查试验（环境温度28.8℃，相对湿度73%），未发现异常。

试验数据见表10-9。

表10-9　　　　　　　　220kV 1号主变压器试验数据

1. 变压比试验

挡位	高压侧对低压侧（%）			高压侧对中压侧（%）			中压侧对低压侧（%）		
	AB	BC	AC	AB	BC	AC	AB	BC	AC
1	0.21	0.17	−0.04	−0.02	0.02	0.02	—	—	—
3	0.22	0.22	0.22	0.13	0.08	0.08	—	—	—

挡位	高压侧对低压侧（%）			高压侧对中压侧（%）			中压侧对低压侧（%）		
	AB	BC	AC	AB	BC	AC	AB	BC	AC
5	0.31	0.27	0.09	0.19	0.14	0.19	0.15	0.11	0.09
7	0.37	0.27	0.04	0.21	0.26	0.26	—	—	—
9	0.47	0.43	0.47	0.33	0.33	0.33	—	—	—

2. 直流电阻试验

挡位	高压侧（mΩ）			中压侧（mΩ）			低压侧（mΩ）		
	A	B	C	A_m	B_m	C_m	ab	bc	ca
1	662.3	659.7	662.2	—	—	—	—	—	—
3	644.9	642.4	644.6	—	—	—	—	—	—
5	627.7	625.4	627.3	125.3	125.6	126.1	4.084	4.119	4.103
7	610.3	607.7	609.9	—	—	—	—	—	—
9	591.4	589	590.5	—	—	—	—	—	—

3. 绕组电容量与介质损耗因数试验

	高压侧	中压侧	低压侧
C_X	12.76nF	15.08nF	19.35nF
$tan\delta$	0.203%	0.206%	0.212%

4. 套管电容量与介质损耗因数试验

	A	B	C	N	A_m	B_m	C_m	N_m
C_X	406.7pF	404.7pF	394.8pF	337.7pF	461.3pF	459.0pF	402.1pF	444.3pF
$tan\delta$	0.302	0.299	0.307	0.305	0.290	0.306	0.303	0.318

5. 本体绝缘电阻试验

变压器整体	高压侧（MΩ）	中压侧（MΩ）	低压侧（MΩ）
	20 000	32 000	19 500

6. 铁心与夹件绝缘电阻试验

	A 相（MΩ）	B 相（MΩ）	C 相（MΩ）
铁心	9200	9000	9500
夹件	9100	8900	9200

2. 二次设备检查

2013 年 7 月 7 日，对二次设备进行检查，未发现异常。

（1）保护装置精度校验。对 1 号主变压器保护 A、B 屏差动保护做精度校验，各保护装置电流零漂在规程范围内（0.002～0.004A）；各通道电流模拟量采样正确，误差合格；对高、中压侧 B 相按照故障录波数据模拟了比率差动护试验，结果正确。

（2）TA 二次回路检查。对 201、101、901 号开关 TA 本体接线盒及开关柜内 TA 二次端子排、1 号主变压器高/中压侧套管 TA 本体接线盒、1 号主变压器端子箱内 TA 二次端子排、1 号主变压器保护 A、B 屏内二次端子排进行了检查，结果正确。

（3）绝缘检查。断开 201、101、901 号开关电源，进行控制回路绝缘试验；断开 TA 本体接线盒内差动绕组接线端子，进行 A、B 屏差动保护电流回路绝缘试验。试验数据在合格范围内，绝缘良好。

（4）1 号主变压器本体瓦斯保护校验。在 1 号主变压器本体气体继电器处，按压瓦斯节点触头，1 号主变压器保护 B 屏本体瓦斯信号灯亮，传动正确，试验结果正确。

3. 主变压器三侧 GIS 检查

2013 年 7 月 8 日，对 1 号主变压器三侧 GIS 进行检查，红外热像检测无异常，设备气室压力正常。对 1 号主变压器三侧 GIS 气室进行 SF_6 气体成分检测，发现 201 号断路器靠 2016 号隔离开关侧 TA 气室数据异常，SO_2 含量为 5.8μL/L，其余气室 SF_6 气体成分含量无异常。

三、解体检查

1. 初步检查

2013 年 7 月 9 日，对 201 号开关进行开罐检查，使用工业内窥镜发现 201 号断路器 B 相 TA 与 2016 号隔离开关隔离绝缘子靠 TA 侧导体有放电痕迹，如图 10-72 所示。

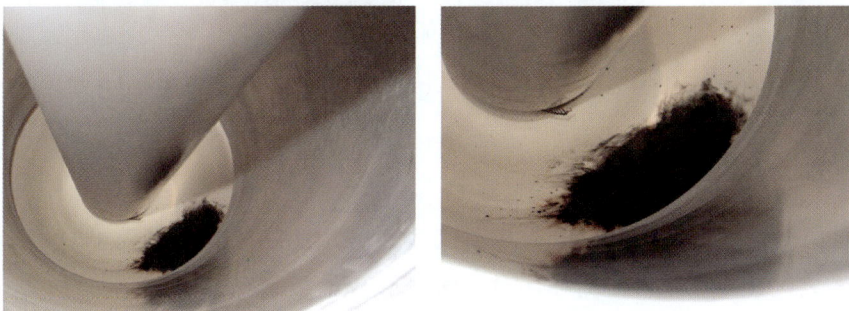

图 10-72　201 号断路器解体发现放电痕迹

2. 解体检修

2013 年 7 月 11～14 日，对 220kV 201 号开关 B 相 TA 与 2016 号隔离开关隔离盆式绝缘子进行解体更换。

解体现场如图 10-73～图 10-76 所示。

解体检查发现，201 号断路器 TA 触头处放电烧损，表带触指断裂，盆式绝缘子及其外壳上有明显放电痕迹。

解体检查后，对受损触头、表带触指、绝缘子进行了更换，然后将拆除的 B 相导管、母线筒、隔离开关、TA 进行逐项回装，TA 气室外壳清洁处理，然后进行抽真空处理。耐压试验合格后，投入运行。

图 10-73 201 号断路器 TA 绝缘子受损

图 10-74 201 号断路器 TA 导体表带触指断裂

图 10-75 201 号断路器 TA 导体触头受损痕迹

图 10-76 201 号断路器 TA 外壳烧损痕迹

四、技术分析

本次 220kV 1 号主变压器差动保护跳闸故障，为 220kV 201 号断路器 B 相 TA 与 2016 号隔离开关之间绝缘子靠 TA 侧导体对 GIS 外壳放电引起。

导体对 GIS 外壳放电原因为，GIS 导体安装时表带触指因挤压造成移位脱离安装槽并发生断裂，约 20mm 的表带触指脱离触头外，同时经现场检查遗留的表带触指已缺少部分，脱落在气室内，存在电动力的作用下部分金属颗粒漂浮在 SF_6 气体里。

同时该站 7 月 7 日因一条 220kV 回路跳闸后另一条待用间隔送电，系统 220kV 侧电压陡增到 265kV，直接导致事故的发生。

GIS 故障部位为厂家厂内安装部位，现场安装时未解体处理，属设备制造厂装配工艺把关不严，B 相母线导体安装时表带触指因挤压造成移位脱离安装槽并发生断裂，为设备运行带来安全隐患。在上述条件下造成脱离触头的表带触指对 GIS 外壳放电。

不可忽视的是，该回路于 2007 年 10 月 28 日即投入运行，在近 6 年时间内没有开展局部放电带电检测工作，未及时发现该缺陷隐患，也是造成设备运行事故的重要原因。

五、案例警示

通过该案例分析，除加强对 GIS 的出厂监造工作、强化对装配资料的审查之外，也警示带电检测对于提前发现设备缺陷隐患、有效防止事故范围扩大的重要性。该案例中的 GIS 缺陷，通过带电检测手段完全可以提前发现，并有效预防。

实际工作中，对于新投运 GIS 应重点检查，及时发现其设计、制造、运输、安装过程中造成的缺陷隐患。同时，在迎峰度夏前后、A 类或 B 类检修后、经受大负荷冲击后应进行带电检测，发现疑似缺陷时，要引起足够的重视，缩短带电检测周期，运用多种带电检测手段综合分析，必要时安排停电进行相应检查试验，保障设备安全运行。

附录 A 特高频局部放电检测常见异常图谱

A1 金属尖端放电（见表 A1）

金属尖端放电信号的极性效应非常明显，通常在工频相位的负半周或正半周出现，放电信号强度较弱且相位分布较宽，放电次数较多。但较高电压等级下另一个半周也可能出现放电信号，幅值更高且相位分布较窄，放电次数较少。

表 A1   金 属 尖 端 放 电

序号	PRPS 图谱	PRPD 图谱
典型图谱 1		
典型图谱 2		
典型图谱 3		

序号	PRPS 图谱	PRPD 图谱
典型图谱 4		
典型图谱 5		
典型图谱 6		
典型图谱 7		

序号	PRPS 图谱	PRPD 图谱
典型图谱 8		
典型图谱 9		
典型图谱 10		

A2　悬浮电位体放电（见表 A2）

悬浮电位体放电信号通常在工频相位的正、负半周均会出现，且具有一定对称性，放电信号幅值很大且相邻放电信号时间间隔基本一致，放电次数少，放电重复率较低。PRPS 图谱具有"内八字"或"外八字"分布特征。

表 A2　　　　　　　　　　　　　悬 浮 电 位 体 放 电

序号	PRPS 图谱	PRPD 图谱
典型图谱 1		
典型图谱 2		
典型图谱 3		
典型图谱 4		

序号	PRPS 图谱	PRPD 图谱
典型图谱 5		
典型图谱 6		
典型图谱 7		
典型图谱 8		

序号	PRPS 图谱	PRPD 图谱
典型图谱 9		
典型图谱 10		

A3　自由金属颗粒放电（见表 A3）

自由金属颗粒放电信号极性效应不明显，任意相位上均有分布，放电次数少，放电信号幅值无明显规律，放电信号时间间隔不稳定。提高电压等级放电信号幅值增大但放电间隔降低。当测试到有颗粒放电时，可辅助超声法进行检测及确认。

表A3　　　　　　　　　　　自 由 金 属 颗 粒 放 电

序号	PRPS 图谱	PRPD 图谱
典型图谱 1		

序号	PRPS 图谱	PRPD 图谱
典型图谱 2		
典型图谱 3		
典型图谱 4		
典型图谱 5		

序号	PRPS 图谱	PRPD 图谱
典型图谱 6		
典型图谱 7		
典型图谱 8		
典型图谱 9		

序号	PRPS 图谱	PRPD 图谱
典型图谱 10		

A4 沿面放电（见表 A4）

沿面放电幅值分散性较大，放电时间间隔不稳定，无明显极性效应。

表 A4 沿 面 放 电

序号	PRPS 图谱	PRPD 图谱
典型图谱 1		
典型图谱 2		

序号	PRPS 图谱	PRPD 图谱
典型图谱 3		
典型图谱 4		
典型图谱 5		
典型图谱 6		

序号	PRPS 图谱	PRPD 图谱
典型图谱 7		
典型图谱 8		
典型图谱 9		
典型图谱 10		

A5　绝缘件内部气隙放电（见表 A5）

绝缘件内部气隙放电信号通常在工频相位的正、负半周均会出现，且具有一定对称性，放电信号幅值较分散，且放电次数较少。

表 A5　　　　　　　　　　　　　　　　　　绝缘件内部气隙放电

序号	PRPS 图谱	PRPD 图谱
典型图谱 1		
典型图谱 2		
典型图谱 3		
典型图谱 4		

序号	PRPS 图谱	PRPD 图谱
典型图谱 5		
典型图谱 6		
典型图谱 7		
典型图谱 8		

序号	PRPS 图谱	PRPD 图谱
典型图谱 9		
典型图谱 10		

附录 B 超声波局部放电检测常见异常图谱

B1 毛刺电晕放电（见表 B1）

表 B1 毛刺电晕放电

序号	连续图谱	相位图谱
典型图谱 1	连续模式 有效值 2mV 峰值 5mV 频率1（50Hz）相关性 0.5mV 频率2（100Hz）相关性 0.5mV	相位模式
典型图谱 2	连续模式 有效值 0.5mV 峰值 1.5mV 频率1（50Hz）相关性 0.5mV 频率2（100Hz）相关性 0.5mV	相位模式

B2 悬浮电位放电（见表 B2）

表 B2 悬浮电位放电

序号	连续图谱	相位图谱
典型图谱 1	连续模式 有效值 20mV 峰值 50mV 频率1（50Hz）相关性 5mV 频率2（100Hz）相关性 5mV	相位模式
典型图谱 2	连续模式 有效值 20mV 峰值 50mV 频率1（50Hz）相关性 5mV 频率2（100Hz）相关性 5mV	相位模式

B3　自由颗粒缺陷（见表B3）

表B3　　　　　　　　　　自　由　颗　粒　缺　陷

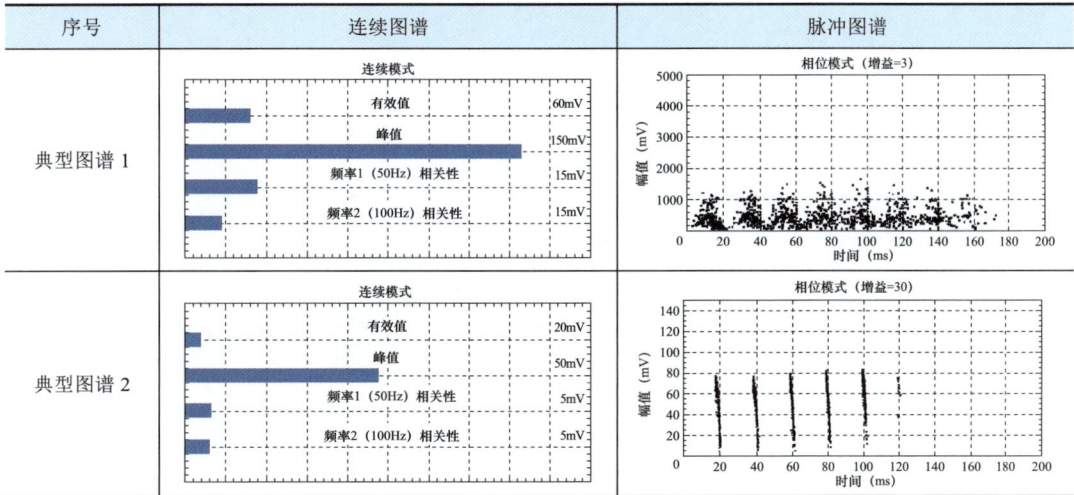

序号	连续图谱	脉冲图谱
典型图谱1	**连续模式** 有效值　60mV 峰值　150mV 频率1（50Hz）相关性　15mV 频率2（100Hz）相关性　15mV	**相位模式（增益=3）** 幅值（mV）／时间（ms）
典型图谱2	**连续模式** 有效值　20mV 峰值　50mV 频率1（50Hz）相关性　5mV 频率2（100Hz）相关性　5mV	**相位模式（增益=30）** 幅值（mV）／时间（ms）

B4　机械振动（见表B4）

表B4　　　　　　　　　　机　械　振　动

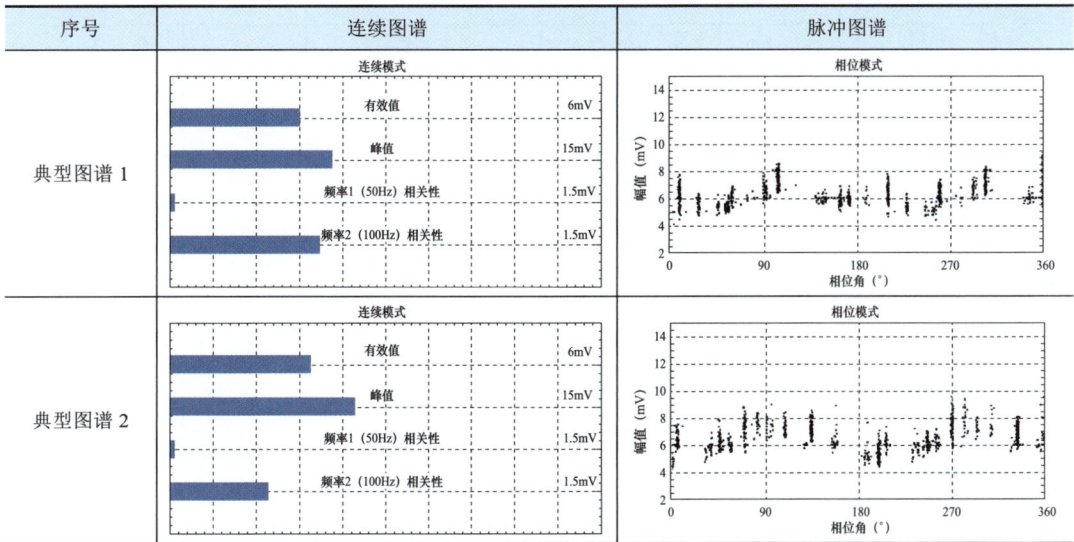

序号	连续图谱	脉冲图谱
典型图谱1	**连续模式** 有效值　6mV 峰值　15mV 频率1（50Hz）相关性　1.5mV 频率2（100Hz）相关性　1.5mV	**相位模式** 幅值（mV）／相位角（°）
典型图谱2	**连续模式** 有效值　6mV 峰值　15mV 频率1（50Hz）相关性　1.5mV 频率2（100Hz）相关性　1.5mV	**相位模式** 幅值（mV）／相位角（°）

173

附录 C 常用材料辐射率参考值

常用材料辐射率参考值见表 C1。

表 C1   常用材料辐射率参考值

材料	温度（℃）	辐射率近似值	材料	温度（℃）	辐射率近似值
抛光铝或铝箔	100	0.09	棉纺织品（全颜色）	—	0.95
轻度氧化铝	25～600	0.10～0.20	丝绸	—	0.78
强氧化铝	25～600	0.30～0.40	羊毛	—	0.78
黄铜镜面	28	0.03	皮肤	—	0.98
氧化黄铜	200～600	0.59～0.61	木材	—	0.78
抛光铸铁	200	0.21	树皮	—	0.98
加工铸铁	20	0.44	石头	—	0.92
完全生锈轧铁板	20	0.69	混凝土	—	0.94
完全生锈氧化钢	22	0.66	石子	—	0.28～0.44
完全生锈铁板	25	0.80	墙粉	—	0.92
完全生锈铸铁	40～250	0.95	石棉板	25	0.96
镀锌亮铁板	28	0.23	大理石	23	0.93
黑亮漆（喷在粗糙铁上）	26	0.88	红砖	20	0.95
黑或白漆	38～90	0.80～0.95	白砖	100	0.90
平滑黑漆	38～90	0.96～0.98	白砖	1000	0.70
亮漆	—	0.90	沥青	0～200	0.85
非亮漆	—	0.95	玻璃（面）	23	0.94
纸	0～100	0.80～0.95	碳片	—	0.85
不透明塑料	—	0.95	绝缘片	—	0.91～0.94
瓷器（亮）	23	0.92	金属片	—	0.88～0.90
电瓷	—	0.90～0.92	环氧玻璃板	—	0.80
屋顶材料	20	0.91	镀金铜片	—	0.30
水	0～100	0.95～0.96	涂焊料的铜	—	0.35
冰	—	0.98	铜丝	—	0.87～0.88

附 录 D   风 速 与 风 级 关 系 表

风速与风级关系表见表 D1。

表 D1   风 速 与 风 级 关 系 表

风力等级	风速（m/s）	地 面 特 征
0	0～0.2	静烟直上
1	0.3～1.5	烟能表示方向，树枝略有摆动，但风向标不能转动
2	1.6～3.3	人脸感觉有风，树枝有微响，旗帜开始飘动，风向标能转动
3	3.4～5.4	树叶和微枝摆动不息，旗帜展开
4	5.5～7.9	能吹起地面灰尘和纸张，小树枝摆动
5	8.0～10.7	有叶的小树摇摆，内陆水面有波纹
6	10.8～13.8	大树枝摆动，电线呼呼有声，举伞困难
7	13.9～17.1	全树摆动，迎风行走不便

附录 E　高压开关设备和控制设备各种部件、材料和绝缘介质的温度和温升极限

高压开关设备和控制设备各种部件、材料和绝缘介质的温度和温升极限见表 E1。

表 E1　高压开关设备和控制设备各种部件、材料和绝缘介质的温度和温升极限

部件、材料和绝缘介质的类别 （见说明 1、说明 2 和说明 3）	最大值	
	温度（℃）	周围空气温度不超过 40℃时的温升（K）
触头（见说明 4） 1. 裸铜或裸铜合金 （1）在空气中。 （2）在 SF$_6$ 中（见说明 5）。 （3）在油中。 2. 镀银或镀镍（见说明 6） （1）在空气中。 （2）在 SF$_6$ 中（见说明 5）。 （3）在油中。 3. 镀锡（见说明 6） （1）在空气中。 （2）在 SF$_6$ 中（见说明 5）。 （3）在油中	 75 105 80 105 105 90 90 90 90	 35 65 40 65 65 50 50 50 50
用螺栓或与其等效的联结（见说明 4） 1. 裸铜、裸铜合金或裸铝合金 （1）在空气中。 （2）在 SF$_6$ 中（见说明 5）。 （3）在油中。 2. 镀银或镀镍（见说明 6） （1）在空气中。 （2）在 SF$_6$ 中（见说明 5）。 （3）在油中。 3. 镀锡（见说明 6） （1）在空气中。 （2）在 SF$_6$ 中（见说明 5）。 （3）在油中	 90 115 100 115 115 100 105 105 100	 50 75 60 75 75 60 65 65 60
其他裸金属制成的或其它镀层的触头、联结	见说明 7	见说明 7
用螺钉或螺栓与外部导体连接的端子（见说明 8） （1）裸的。 （2）镀银、镀镍或镀锡。 （3）其他镀层	 90 105 见说明 7	 50 65 见说明 7
油断路器装置用油（见说明 9 和说明 10）	90	50
用作弹簧的金属零件	见说明 11	见说明 11
绝缘材料以及与下列等级的绝缘材料接触的金属材料 （见说明 12） （1）Y。 （2）A。 （3）E。 （4）B。	 90 105 120 130	 60 65 80 90

部件、材料和绝缘介质的类别 （见说明1、说明2和说明3）	最大值	
	温度（℃）	周围空气温度不超过 40℃时的温升（K）
（5）F。	155	115
（6）瓷漆、油基。	100	60
合成。	120	80
（7）H。	180	140
（8）C 其他绝缘材料	见说明13	见说明13
除触头外，与油接触的任何金属或绝缘件	100	60
可触及的部件。		
（1）在正常操作中可触及的。	70	30
（2）在正常操作中不需触及的	80	40

说明1：按其功能，同一部件可以属于表 E1 列出的几种类别。在这种情况下，允许的最高温度和温升值是相关类别中的最低值。

说明2：对真空开关装置，温度和温升的极限值不适用于处在真空中的部件。其余部件不应该超过本表给出的温度和温升值。

说明3：应注意保证周围的绝缘材料不遭到损坏。

说明4：当接合的零件具有不同的镀层或一个零件是裸露的材料制成的，允许的温度和温升应该是：

（1）对触头，表项1中有最低允许值的表面材料的值。

（2）对联结，表项2中的最高允许值的表面材料的值。

说明5：SF_6 是指纯 SF_6 或 SF_6 与其他无氧气体的混合物。

注1：由于不存在氧气，把 SF_6 开关设备中各种触头和连接的温度极限加以协调看来是合适的。

在 SF_6 环境下，裸铜和裸铜合金零件的允许温度极限可以等于镀银或镀镍零件的值。在镀锡零件的特殊情况下，由于抹擦腐蚀效应，即使在 SF_6 无氧的条件下，提高其允许温度也是不合适的。因此镀锡零件仍取原来的值。

注2：裸铜和镀银触头在 SF_6 中的温升正在考虑中。

说明6：按照设备有关的技术条件，即在关合和开断试验（如果有的话）后、在短时耐受电流试验后或在机械耐受试验后，有镀层的触头在接触区应该有连续的镀层，不然触头应该被看作是"裸露"的。

说明7：当使用表中没有给出的材料时，应该研究它们的性能，以便确定最高的允许温升。

说明8：即使和端子连接的是裸导体，这些温度和温升值仍是有效的。

说明9：在油的上层。

说明10：当采用低闪点的油时，应当特别注意油的汽化和氧化。

说明 11：温度不应该达到使材料弹性受损的数值。

说明 12：绝缘材料的分级在 GB/T 11021—2014《电气绝缘　耐热性和表示方法》中给出。

说明 13：仅以不损害周围的零部件为限。

附录 F 电流致热型缺陷诊断判据

电流致热型缺陷诊断判据见表 F1。

表 F1 电流致热型缺陷诊断判据

设备类别和部位		热像特征	故障特征	缺陷性质			处理建议
				一般缺陷	严重缺陷	危急缺陷	
电气设备与金属部件的连接	接头和线夹	以线夹和接头为中心的热像，热点明显	接触不良	相对温差 (δ)≥35% 但热点温度 (T_p)未达到严重缺陷温度值	80℃≤T_p≤110℃，或 δ≥80% 但 T_p 未达到紧急缺陷温度值	T_p>110℃，或 δ≥95% 且 T_p>80℃	
金属导线		以导线为中心的热像，热点明显	松股、断股、老化或截面积不够				
金属部件与金属部件的连接	接头和线夹	以线夹和接头为中心的热像，热点明显	接触不良	δ≥35%但 T_p 未达到严重缺陷温度值	90℃≤T_p≤130℃，或 δ≥80% 但 T_p 未达到紧急缺陷温度值	T_p>130℃，或 δ≥95% 且 T_p>90℃	
输电导线的连接器（耐张线夹、接续管、修补管、并沟线夹、跳线线夹、T 型线夹、设备线夹等）							
隔离开关	转头	以转头为中心的热像	转头接触不良或断股	δ≥35%但 T_p 未达到严重缺陷温度值	55℃≤T_p≤80℃，或 δ≥80%但 T_p 未达到紧急缺陷温度值	T_p>80℃，或 δ≥95% 且 T_p>55℃	
	刀口	以刀口压接弹簧为中心的热像	弹簧压接不良				测接触电阻
断路器	动静触头	以顶帽和下法兰为中心的热像，顶帽温度大于下法兰温度	压指压接不良				测接触电阻
	中间触头	以下法兰和顶帽为中心的热像，下法兰温度大于顶帽温度					
电流互感器	内连接	以串联出线头或大螺杆出线夹为最高温度的热像或以顶部铁帽发热为特征	螺杆接触不良				测量一次回路电阻
套管	柱头	以套管顶部柱头为最热的热像	柱头内部并线压接不良				
电容器	熔丝	以熔丝中部靠电容侧为最热的热像	熔丝容量不够				检查熔丝
	熔丝座	以熔丝座为最热的热像	熔丝与熔丝座之间接触不良				检查熔丝座
干式变压器、接地变压器、串联电抗器、并联电抗器	铁芯	以铁芯局部表面过热为特征	铁芯局部短路	δ≥35%但 T_p 未达到严重缺陷温度值	F 级绝缘 130℃≤T_p≤155℃；H 级绝缘 140℃≤T_p≤180℃	F 级绝缘 T_p>155℃；H 级绝缘 T_p>180℃	

179

设备类别和部位		热像特征	故障特征	缺陷性质			处理建议
				一般缺陷	严重缺陷	危急缺陷	
干式变压器、接地变压器、串联电抗器、并联电抗器	绕组	以绕组表面有局部过热或出线端子处过热为特征	绕组匝间断路或接头接触不良	$\delta \geqslant 35\%$但T_p未达到严重缺陷温度值	F级绝缘 $130℃ \leqslant T_p \leqslant 155℃$；H级绝缘 $140℃ \leqslant T_p \leqslant 180℃$；相间温差$>10℃$	F级绝缘 $T_p > 155℃$；H级绝缘 $T_p > 180℃$；相间温差$>20℃$	
变压器	箱体	以箱体局部表面过热为特征	漏磁环（涡）流现象	$\delta \geqslant 35\%$但T_p未达到严重缺陷温度值	$80℃ \leqslant T_p \leqslant 105℃$	$T_p > 105℃$	检查油色谱和轻瓦斯动作情况
直流换流阀	电抗器	以铁芯表面过热为特征	铁芯损耗异常	温差$>5K$但T_p未达到严重缺陷温度值	温差$>10K$，$60℃ \leqslant T_p \leqslant 70℃$	$T_p > 70℃$（设计允许限值）	

附录 G 电压致热型缺陷诊断判据

电压致热型缺陷诊断判据见表 G1。

表 G1　　　　　　　　　　　　电压致热型缺陷诊断判据

设备类别		热像特征	故障特征	温差（K）	处理建议
电流互感器	10kV 浇注式	以本体为中心整体发热	铁芯短路或局部放电增大	4	伏安特性或局部放电量试验
	油浸式	以瓷套整体温升增大，且瓷套上部温度偏高	介质损耗偏大	2～3	介质损耗、油色谱、油中含水量检测
电压互感器（含电容式电压互感器的互感器部分）	10kV 浇注式	以本体为中心整体发热	铁芯短路或局部放电增大	4	特性或局部放电量试验
	油浸式	以整体温升偏高，且中上部温度大	介质损耗偏大、匝间短路或铁芯损耗增大	2～3	介质损耗、空载、油色谱及油中含水量测量
耦合电容器	油浸式	以整体温升偏高或局部过热，且发热符合自上而下逐步的递减的规律	介质损耗偏大，电容量变化、老化或局部放电	2～3	介质损耗测量
移相电容器		热像一般以本体上部为中心的热像图，正常热像最高温度一般在宽面垂直平分线的 2/3 高度左右，其表面温升略高，整体发热或局部发热	介质损耗偏大，电容量变化、老化或局部放电	2～3	介质损耗测量
高压套管		热像特征呈现以套管整体发热热像	介质损耗偏大	2～3	介质损耗测量
		热像为对应部位呈现局部发热区故障	局部放电故障，油路或气路的堵塞	2～3	
充油套管	绝缘子柱	热像特征是以油面处为最高温度的热像，油面有一明显的水平分界线	缺油		
氧化锌避雷器	10～60kV	正常为整体轻微发热，较热点一般在靠近上部且不均匀，多节组合从上到下各节温度递减，引起整体发热或局部发热为异常	阀片受潮或老化	0.5～1	直流和交流试验
绝缘子	瓷绝缘子	正常绝缘子串的温度分布同电压分布规律，即呈现不对称的马鞍型，相邻绝缘子温差很小，以铁帽为发热中心的热像图，其比正常绝缘子温度高	低值绝缘子发热（绝缘电阻在 10～300MΩ）	1	进行精确检测或其他电气方法零、低值的检测确认，视缺陷绝缘子片数作相应的缺陷处理
		发热温度比正常绝缘子要低，热像特征与绝缘子相比，呈暗色调	零值绝缘子发热（0～10MΩ）		
		其热像特征是以瓷盘（或玻璃盘）为发热区的热像	由于表面污秽引起绝缘子泄漏电流增大	0.5	

设备类别		热像特征	故障特征	温差（K）	处理建议
绝缘子	合成绝缘子	在绝缘良好和绝缘劣化的结合处出现局部过热，随着时间的延长，过热部位会移动	伞裙破损或芯棒受潮	0.5～1	
		球头部位过热	球头部位松脱、进水		
电缆终端		以整个电缆头为中心的热像	电缆头受潮、劣化或气隙	0.5～1	
		伞裙局部区域过热	内部可能有局部放电		
		根部有整体性过热	内部介质受潮或性能异常		
		橡塑绝缘电缆半导电断口过热	内部可能有局部放电	5～10	
		以护层接地连接为中心的发热	接地不良		

附录 H SF₆气体湿度测量结果温度折算表

SF₆气体湿度测量结果温度折算表见表 H1。

表 H1   **SF₆气体湿度测量结果温度折算表**

R (μL/L)	t（℃）																				
	15	16	17	18	19	20	21	22	23	24	25	26	27	28	29	30	31	32	33	34	35
50	59	57	55	53	51	50	47	15	42	40	38	36	35	33	31	30	28	27	25	24	23
60	71	68	66	64	62	60	57	54	51	48	46	44	42	39	38	36	34	32	31	29	28
70	82	80	77	74	72	70	66	63	60	57	54	51	49	46	44	42	40	38	36	34	33
80	94	91	88	85	82	80	76	72	68	65	62	58	56	53	50	48	45	43	41	39	37
90	106	102	99	96	92	90	85	81	77	73	69	66	63	60	57	54	51	49	47	44	42
100	118	114	110	106	103	100	95	90	85	81	77	73	70	66	63	60	57	54	52	49	47
110	129	125	121	117	113	110	104	99	94	89	85	81	77	73	70	66	63	60	57	54	52
120	141	136	132	127	123	120	113	108	102	97	93	88	84	80	76	72	69	66	62	60	57
130	153	148	143	138	134	130	123	117	111	106	100	96	91	87	82	78	75	71	68	65	62
140	165	159	154	149	144	140	132	126	120	114	108	103	98	93	89	85	81	77	73	70	66
150	176	170	165	159	154	150	142	135	128	122	116	110	105	100	95	91	86	82	79	75	71
160	188	182	176	170	164	160	151	144	137	130	124	118	112	107	102	97	92	88	84	80	76
170	205	197	189	182	176	170	161	153	145	138	132	125	119	114	108	103	98	94	89	85	81
180	217	209	201	193	186	180	170	162	154	147	140	133	126	120	115	109	104	99	95	90	86
190	229	220	212	204	196	190	180	171	163	155	147	140	134	127	121	116	110	105	100	95	91
200	241	232	223	214	207	200	189	180	171	163	155	148	141	134	128	122	116	111	105	101	96
210	253	243	234	225	217	210	199	189	180	171	163	155	148	141	134	128	122	116	111	106	101
220	265	255	245	236	227	220	208	198	189	179	171	163	155	148	141	134	128	122	116	111	106
230	277	266	256	247	238	230	218	207	197	188	179	170	162	154	147	140	134	128	122	116	111
240	289	278	267	257	248	240	227	216	206	196	187	178	169	161	154	147	140	133	127	121	116
250	301	289	278	268	258	250	237	225	214	204	194	185	176	168	160	153	146	139	133	126	121
260	313	301	290	279	268	260	246	234	223	212	202	193	184	175	167	159	152	145	138	132	126
270	325	312	301	289	279	270	256	243	232	221	210	200	191	182	173	165	158	150	143	137	131
280	337	324	312	300	289	280	265	252	240	229	218	208	198	189	180	172	164	156	149	142	136
290	349	336	323	311	299	290	275	261	249	237	226	215	205	195	186	178	170	162	154	147	141
300	361	347	334	322	310	300	284	271	258	245	234	223	212	202	193	184	176	167	160	152	146
310	373	359	345	332	320	310	294	280	266	254	242	230	219	209	199	190	181	173	165	158	151
320	385	370	356	343	330	320	303	289	275	262	249	238	227	216	206	197	187	179	171	163	156

R (μL/L)	t (℃)																				
	15	16	17	18	19	20	21	22	23	24	25	26	27	28	29	30	31	32	33	34	35
330	397	382	367	354	341	330	313	298	283	270	257	245	234	223	213	203	193	185	176	168	161
340	409	393	378	364	351	340	322	307	292	278	265	253	241	230	219	209	199	190	182	173	166
350	421	405	389	375	361	350	332	316	301	287	273	260	248	237	226	215	205	196	187	179	171
360	433	416	401	386	372	360	341	325	309	295	281	268	255	243	232	222	211	202	193	184	176
370	445	428	412	396	382	370	351	334	318	303	289	275	263	250	239	228	217	208	198	189	181
380	457	439	423	407	392	380	360	343	327	311	297	283	270	257	245	234	223	213	204	194	186
390	469	451	434	418	403	390	370	352	335	320	305	290	277	264	252	240	229	219	209	200	191
400	481	462	445	428	413	400	379	361	344	328	312	298	284	271	259	247	235	225	215	205	196
410	505	483	463	444	425	410	389	370	353	336	320	305	291	278	265	253	241	230	220	210	201
420	517	495	474	454	436	420	398	379	361	344	328	313	298	285	272	259	247	236	226	215	206
430	529	507	485	465	446	430	408	388	370	353	336	321	306	292	278	266	253	242	231	221	211
440	541	518	497	476	456	440	417	397	379	361	344	328	313	298	285	272	259	248	237	226	216
450	554	530	508	487	467	450	427	406	387	369	352	336	320	305	291	278	266	254	242	231	221
460	566	542	519	498	477	460	436	415	396	377	360	343	327	312	298	284	272	259	248	236	226
470	578	554	530	508	488	470	446	424	405	386	368	351	335	319	305	291	278	265	253	242	231
480	590	565	542	519	498	480	455	434	413	394	376	358	342	326	311	297	284	271	259	247	236
490	603	577	553	530	508	490	465	443	422	402	383	366	349	333	318	303	290	277	264	252	241
500	615	589	564	541	519	500	474	452	431	410	391	373	356	340	324	310	296	282	270	258	246
510	627	600	575	552	529	510	484	461	439	419	399	381	363	347	331	316	302	288	275	263	251
520	639	612	587	562	539	520	493	470	448	427	407	388	371	354	338	322	308	294	281	268	256
530	652	624	598	573	550	530	503	479	456	435	415	396	378	361	344	329	314	300	286	274	261
540	664	636	609	584	560	540	512	488	465	444	423	404	385	367	351	335	320	305	292	279	266
550	676	647	620	595	570	550	522	497	474	452	431	411	392	374	357	341	326	311	297	284	272
560	688	659	632	605	581	560	531	506	482	460	439	419	399	381	364	348	332	317	303	289	277
570	700	671	643	616	591	570	541	515	491	468	447	426	407	388	371	354	338	323	308	295	282
580	713	682	654	627	601	580	550	524	500	477	455	434	414	395	377	360	344	329	314	300	287
590	725	694	665	628	612	590	560	533	508	485	463	441	421	402	384	367	350	334	320	305	292
600	737	706	676	649	622	600	569	542	517	493	470	449	428	409	390	373	356	340	325	311	297
610	749	718	688	659	633	610	579	551	526	501	478	456	436	416	397	379	362	346	331	316	302
620	761	729	699	670	643	620	588	561	534	510	486	464	443	423	404	386	368	352	336	321	307
630	774	741	710	681	653	630	598	570	543	518	494	472	450	430	410	392	374	358	342	327	312
640	786	753	721	692	664	640	607	579	552	526	502	479	457	437	417	398	380	363	347	332	317
650	798	764	733	703	674	650	617	588	560	535	510	487	465	444	424	405	386	369	353	337	322
660	810	776	744	713	684	660	626	597	569	543	518	494	472	450	430	411	393	375	358	343	328

R (μL/L)	t（℃）																				
	15	16	17	18	19	20	21	22	23	24	25	26	27	28	29	30	31	32	33	34	35
670	823	788	755	724	695	670	636	606	578	551	526	502	479	457	437	417	399	381	364	348	333
680	835	800	766	735	705	680	645	615	587	559	534	509	486	464	443	424	405	387	370	353	338
690	847	811	778	746	715	690	655	624	595	568	542	517	494	471	450	430	411	392	375	359	343
700	859	823	789	756	726	700	664	633	604	576	550	525	501	478	457	436	417	398	381	364	348
710	871	835	800	767	736	710	674	642	613	584	558	532	508	485	463	443	423	404	386	369	353
720	884	863	811	778	746	720	683	651	621	593	566	540	515	492	470	449	429	410	392	375	358
730	917	874	834	796	761	730	693	660	630	601	573	547	523	499	477	455	435	416	397	380	363
740	929	886	846	807	771	740	702	669	639	609	581	555	530	506	483	462	441	422	403	385	368
750	942	898	857	818	781	750	712	679	647	618	589	563	537	513	490	468	447	427	409	391	374
760	954	910	868	829	792	760	721	688	656	626	597	570	544	520	497	474	453	433	414	396	379
770	967	922	880	840	802	770	731	697	665	634	605	578	552	527	503	481	459	439	420	401	384
780	979	934	891	851	813	780	740	706	673	642	613	585	559	534	510	487	466	445	425	407	389
790	992	946	903	862	823	790	750	715	682	651	621	593	566	541	516	493	472	451	431	412	394
800	1004	958	914	873	833	800	759	724	691	659	629	600	573	548	523	500	478	457	437	417	399
810	1017	970	925	883	844	810	769	733	699	667	637	608	581	555	530	506	484	462	442	423	404
820	1029	982	937	894	854	820	778	742	708	676	645	616	588	562	536	513	490	468	448	428	409
830	1041	993	948	905	865	830	788	751	717	684	653	623	595	568	543	519	496	474	453	433	415
840	1054	1005	959	916	875	840	797	760	725	692	661	631	602	575	550	535	502	480	459	439	420
850	1066	1017	971	927	885	850	807	769	734	700	669	638	640	582	556	532	508	486	464	444	425
860	1079	1029	982	938	896	860	816	778	743	709	677	646	617	589	563	538	514	492	470	450	430
870	1091	1041	994	949	906	870	826	788	751	717	685	654	624	596	570	544	520	497	476	455	435
880	1104	1053	1005	960	917	880	835	797	760	725	692	661	631	603	576	551	526	503	481	460	440
890	1116	1065	1016	970	927	890	845	806	769	734	700	669	639	610	583	557	533	509	487	466	445
900	1129	1077	1028	981	937	900	854	815	777	742	708	676	646	617	590	564	539	515	492	471	451
910	1141	1089	1039	992	948	910	864	824	786	750	716	684	653	624	596	570	545	521	498	476	456
920	1153	1100	1050	1003	958	920	873	833	795	759	724	692	661	631	603	576	551	527	504	482	461
930	1166	1112	1062	1014	969	930	883	842	804	767	732	699	668	638	610	583	557	533	509	487	466
940	1178	1124	1073	1025	979	940	892	851	812	775	740	707	675	645	616	589	563	538	515	493	471
950	1191	1136	1084	1036	989	950	902	860	821	784	748	714	652	652	623	595	569	544	521	498	476
960	1203	1148	1096	1047	1000	960	911	869	830	792	756	722	690	659	630	602	575	550	526	503	481
970	1216	1160	1107	1057	1010	970	921	878	838	800	764	730	697	666	636	608	581	556	532	509	487
980	1228	1172	1119	1068	1021	980	930	888	847	808	772	737	704	673	643	615	588	562	537	514	492
990	1241	1184	1130	1079	1031	990	940	897	856	817	780	745	712	680	650	621	594	568	543	519	497
1000	1282	1218	1158	1100	1046	1000	949	906	864	825	788	752	719	687	656	627	600	574	549	525	502

参 考 文 献

［1］刘洪正. 高压组合电器［M］. 北京：中国电力出版社. 2015.

［2］杨香泽. 变电检修［M］. 北京：中国电力出版社. 2005.

［3］王树声. 国家电网公司生产技能人员职业能力培训专用教材　变电检修（上）［M］. 北京：中国电力出版社. 2016.

［4］王树声. 国家电网公司生产技能人员职业能力培训专用教材　变电检修（下）［M］. 北京：中国电力出版社. 2016.

［5］国家电网公司运维检修部. 电网设备带电检测技术［M］. 北京：中国电力出版社. 2014.

［6］朱德恒，严璋，谈克雄，等. 电气设备状态监测与故障诊断技术［M］. 北京：中国电力出版社. 2009.

［7］王达达，魏杰，于虹，等. X 射线数字成像技术对 GIS 设备典型缺陷的可视化无损检测［C］//云南电力技术论坛，2011.

［8］李继胜，赵学风，杨景刚，等. GIS 典型缺陷局部放电测量与分析［J］. 高电压技术，2009，35（10）：2440-2445.

［9］邱毓昌. GIS 装置及其绝缘技术［M］. 北京：水利水电出版社. 1994.

［10］王建生，邱毓昌，赵有斌，等. 气体绝缘开关中电磁波的传播特性［J］. 电网技术，1999，23（9）：1-3.